数字乡村

◎ 苏俊杰 张成明 宋喜芳 主编

 中国农业科学技术出版社

图书在版编目(CIP)数据

数字乡村／苏俊杰，张成明，宋喜芳主编．--北京：中国农业科学技术出版社，2023.8
ISBN 978-7-5116-6368-9

Ⅰ.①数… Ⅱ.①苏…②张…③宋… Ⅲ.①数字技术-应用-农业经济发展-研究-中国②数字技术-应用-农村经济发展-研究-中国 Ⅳ.①F323-39

中国国家版本馆 CIP 数据核字(2023)第 135054 号

责任编辑　周　朋
责任校对　王　彦
责任印制　姜义伟　王思文

出 版 者	中国农业科学技术出版社
	北京市中关村南大街 12 号　邮编：100081
电　　话	(010)82106631(编辑室)　(010)82109702(发行部)
	(010)82109709(读者服务部)
网　　址	https://castp.caas.cn
经 销 者	各地新华书店
印 刷 者	中煤(北京)印务有限公司
开　　本	140 mm×203 mm　1/32
印　　张	5.5
字　　数	150 千字
版　　次	2023 年 8 月第 1 版　2023 年 8 月第 1 次印刷
定　　价	36.00 元

◆◆◆ 版权所有・翻印必究 ◆◆◆

《数字乡村》编委会

主　编：苏俊杰　张成明　宋喜芳

副主编：胡佳萌　张　炬　刘红晓　丁　潞
　　　　张晓蓉　郑开成　包伟方　顾艳华
　　　　杨锐熠　周　飚　李　俊　贺　喻
　　　　马宗成　黄先成　崔　燕　黄　健

前　　言

数字乡村是伴随网络化、信息化和数字化在农业农村经济社会发展中的应用，以及农民现代信息技能的提高而内生的农业农村现代化发展和转型进程。数字乡村是乡村振兴的战略方向之一，也是建设数字中国的重要内容。习近平总书记在党的二十大报告中提出要"加快发展数字经济，促进数字经济和实体经济深度融合"。这是以习近平同志为核心的党中央对发展数字经济作出的重大战略部署，也为新时代全面推动数字乡村建设、以数字技术助力建设宜居宜业和美乡村指明了前进方向。

本书以通俗易懂的语言，从数字乡村概述、数字农业、农村电商、乡村新业态、数字治理、数字生活、乡村网络文化、智慧绿色乡村等方面进行了详细介绍。文中穿插了"案例链接"栏目，以加深读者对理论知识的理解。总之，本书具有系统性、可读性和实用性，对各地建设数字乡村具有一定的指导意义。

由于作者水平有限，再加上时间仓促，书中难免存在不足之处，欢迎广大读者批评指正！

编　者

2023 年 5 月

目 录

第一章 数字乡村概述 (1)
第一节 数字乡村的内涵和特点 (1)
第二节 数字乡村建设的意义和发展模式 (5)
第三节 数字乡村的发展规划 (14)
第四节 数字乡村的发展历程及现状 (21)

第二章 数字农业 (29)
第一节 数字农业的概念和特点 (29)
第二节 数字农业的优势与挑战 (30)
第三节 数字农业的核心技术 (38)
第四节 数字农业的应用场景 (41)

第三章 农村电商 (57)
第一节 农村电商概述 (57)
第二节 三大电商平台 (62)
第三节 农产品直播营销 (66)
第四节 农产品短视频营销 (72)

第四章 乡村新业态 (79)
第一节 智慧乡村旅游 (79)
第二节 智慧认养农业 (84)

第五章 数字治理 (90)
第一节 智慧党建 (90)
第二节 互联网+政务服务 (96)

第三节　网上村务管理 …………………………………… (100)
第四节　基层综合治理信息化 ……………………………… (106)
第五节　乡村智慧应急管理 ………………………………… (111)

第六章　数字生活 ……………………………………………… (115)
第一节　智能家居 …………………………………………… (115)
第二节　智慧医疗 …………………………………………… (117)
第三节　智慧养老 …………………………………………… (122)
第四节　互联网+教育 ……………………………………… (127)

第七章　乡村网络文化 ………………………………………… (134)
第一节　乡村网络文化阵地 ………………………………… (134)
第二节　乡村文化资源数字化 ……………………………… (140)
第三节　"三农"网络文化创作 …………………………… (145)
第四节　乡村网络文化引导 ………………………………… (151)

第八章　智慧绿色乡村 ………………………………………… (153)
第一节　农业绿色生产 ……………………………………… (153)
第二节　乡村绿色生活 ……………………………………… (160)
第三节　农村生态保护信息化 ……………………………… (166)

参考文献 ………………………………………………………… (169)

第一章 数字乡村概述

第一节 数字乡村的内涵和特点

一、数字乡村的内涵

数字乡村是伴随网络化、信息化和数字化在农业农村经济社会发展中的应用,以及农民现代信息技能的提高而内生的农业农村现代化发展和转型进程。它既是乡村振兴的战略方向,也是建设数字中国的重要内容。数字乡村围绕农村生产、生活、生态等方面,通过建设信息网络,应用新一代信息技术,促进农村数字经济发展、乡村网络文化繁荣、乡村生态智慧保护、数字化治理体系创新,从而形成城乡一体的信息服务体系。理解数字乡村的内涵,是深化数字乡村发展战略认识的前提。

(一)数字乡村建设的主体更全面

数字乡村建设的主体包括农业、农村、农民,是数字化技术与"三农"问题的有机结合。乡村的概念不同于农村,农村是指从事传统农业和农民居住的地理区域,而乡村是一个新型的综合地理空间,这个空间承载的不只是农业,还有很多"非农"的活动在这个空间中进行。这也是国家提出"乡村振兴"而非提出"农村振兴"的原因,一字之差,内涵截然不同。

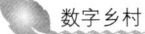

(二) 数字乡村的涵盖范围更广泛

数字乡村作为一个整体，是一个极其复杂的特大系统，涉及经济、社会、生态、文化等多方面内容。数字乡村建设涵盖乡村信息基础设施、农村数字经济、科技创新供给、智慧绿色乡村、乡村治理、网络扶贫、城乡信息化融合等多方面的内容。过去，农业信息化更加关注如何在农业生产过程中运用信息技术，而数字乡村把信息技术与"三农"的融合放大到农民的生活领域，更加关注农村的生态保护和绿色发展。

(三) 数字乡村应用信息技术更先进

大数据、云计算、人工智能、区块链等新一代信息技术在"三农"领域得到了深度应用。例如，通过推动5G、物联网、大数据、人工智能等数字技术在农业发展中的应用，实现信息远程获取，如温室大棚的土壤、温度、光照信息等；实现设施智能控制，远程遥控各类窗、网、喷、滴等设备；实现便捷操控，通过手机、电脑等终端对农业生产看、控、管。借助互联网面向农村的电子政务实现网上办、马上办、少跑快办，提高行政效率；乡村居民通过网上政务服务平台提出诉求，能够更积极主动、便捷参与到乡村治理中去；大数据平台的介入能够第一时间监测乡村中可能存在的问题，并作出预防或及时进行解决，大大提高乡村治理的速度和效率。

二、数字乡村的特点

(一) 乡村网络高速泛在

高速、泛在、安全的基础信息网络在乡村深入普及，乡村网络与城市网络同质同价同服务。智慧水利、智慧电网、智慧交通新型基础设施有力支撑了农业生产和农民生活。

(二) 数字经济蓬勃壮大

数字技术渗透在农业生产经营管理的各个环节，智慧农田、智慧牧场、智慧渔场等新型农业生产载体成为主流。农村电商成为工业品下乡和农产品出村进城的重要渠道，农产品借助互联网实现标准化、品牌化和价值化。

（三）生态保护智慧先进

农业物联网在生产领域普及应用，现代设施农业等绿色农业实现规模化发展。对农业投入品实施信息化监管，化肥、农药减量应用得到普及。信息技术和传感设备广泛应用于农村饮用水水源、水质监测保护，农村污染物、污染源实时全程处于被监测状态。

（四）网络文化繁荣发展

面向农民的数字文化资源产品丰富充足，乡村优秀文化资源实现了数字化留存和传承。互联网成为宣传中华优秀传统文化的重要阵地，"三农"题材网络文化内容优质丰富。

（五）乡村数字化治理高效便捷

面向农村的电子政务实现了网上办、马上办、少跑快办。借助互联网不断创新村民自治形式，实现农村三务网上公开，农民自治能力显著提高。

（六）普惠服务城乡一体

数字化的公共服务在乡村普及，城市优质教育资源与乡村中小学对接落地。"互联网+医疗健康"在农村广泛应用，民生保障信息服务丰富完善，社会保障、社会救助系统全面覆盖乡村。

三、数字乡村与其相关概念的比较

（一）数字乡村与智慧城市

《数字乡村发展战略纲要》提出，统筹发展数字乡村与智慧城市。数字乡村是伴随网络化、信息化和数字化在农村农业经济社会发展中的应用以及农民现代信息技能的提高而内生出的农业农村现代化发展和转型的进程。数字乡村以物联网、云计算、大数据、移动互联网等新一代信息技术为依托，通过在农村生产经营、乡村治理、居民生活、资源环境等多领域的智慧化应用，创造性地解决农村地区面临的矛盾与问题，全面服务于乡村振兴和可持续发展的创新发展形势。

数字乡村与智慧城市之间相互联系、相互促进。智慧城市建设中的一些相关理念和信息技术同样适用于数字乡村，它们推动信息技术与经济、社会、生态等的良好融合，也是建设数字乡村的本意。但是，数字乡村建设更强调利用信息技术形成基于海量信息和智能过滤处理的新生活、新产业、新管理等，以提高乡村整体规划、建设、管理、服务的智能化水平，促进农村、农业发展和农民生活改善。数字乡村的建设需要在整体设计框架上，尊重差异、因地制宜，推进数字基础建设和数字应用与创新。

(二) 数字乡村与数字中国

数字乡村是数字中国的组成部分。数字中国是新时代国家信息化发展的新战略，是满足人民日益增长的美好生活需要的新举措，是驱动引领经济高质量发展的新动力，涵盖经济、政治、文化、社会、生态等各领域信息化建设，包括"宽带中国"、"互联网+"、大数据、云计算、人工智能、数字经济、电子政务、新型智慧城市、数字乡村等内容。

数字乡村为数字中国建设打下坚实的基础。农业农村是我国实现现代化的短板。开展数字乡村建设，以信息化培育农村发展新动能，推进农村经济、政治、文化、社会、生态等各领域发展，以信息流带动技术流、资金流、人才流、物资流，促进资源配置优化，促进全要素生产率提升，可以实现"智慧城市"和"数字乡村"双轮并进，为我国全面建设数字中国奠定坚实的基础。

第二节　数字乡村建设的意义和发展模式

一、数字乡村建设的意义

（一）有利于强化农业科技和装备支撑

数字乡村建设的一个重要方面就是要推动数字农业的发展，数字农业作为一种新型的农业生产方式，可将数字、信息作为一种生产要素用于农业生产的各个环节，对于加快农业生产经营的精准化、管理服务的智能化、绿色发展的可持续化具有重要意义，在农业强国的建设过程中也发挥了重要作用。首先，数字农业的发展强化了农业科技和装备支撑，在数字农业的发展过程中会促进农业智能机器人、农业传感器、智慧冷链物流体系等建设，使我国的农业科技和装备水平不断提升。其次，数字农业促进了设施农业的发展。设施农业的核心是采用人工技术手段，优化动植物的生长环境，是一种新的生产技术体系。数字农业依托先进的技术和设备，为设施农业的发展提供了技术支持。最后，数字农业有利于农业强国的建设。农业的创新能力和竞争力是农业强国的重要标志，而数字农业的发展促进了农业创新能力和竞争力的提升。

（二）有利于拓宽农民增收致富渠道

数字乡村建设过程中建立的统一大数据平台，可以将各项数据纳入平台中，通过数据分析可以有效识别脱贫地区发展的关键领域和薄弱环节，在实现资源精准投入、提升资源利用效率的同时，也可以进行有效监测，防止返贫的发生。此外，数字乡村建设的过程中促进了农村电商、网络直播等新模式、新业态的发展，这在拓展农产品销售渠道、提升特色农产品知名度、促进农

村地区特色产业发展的同时,也有利于拓宽农民增收致富渠道。

(三) 有利于健全农村金融服务体系

农村金融服务有效供给不足导致的融资难、融资贵等问题是制约农业农村发展的重要因素,也是实施乡村振兴战略过程中的一大难题。数字普惠金融的发展将有效解决农村金融服务有效供给不足的问题,促进农村金融服务体系的健全。完善的数字基础设施和农村居民金融素养的提升是促进农村地区数字普惠金融发展的关键,数字乡村建设将促进农村数字基础设施的完善和农村居民的金融素养的提升,有效推动农村金融服务体系的完善,促进农村数字普惠金融的发展。一方面,数字乡村建设推动了农村地区信息基础设施的建设、改造和升级,提升了农村地区的网络覆盖率和网络传输速度,加快了乡村信息基础设施建设和完善,为数字普惠金融发展奠定了基础。另一方面,数字乡村建设促进了农业农村信息社会化服务体系建设,拓展了农村居民获得信息的渠道,提升了农村居民的金融素养,加快了农村地区数字普惠金融的发展。

(四) 有利于统筹农村基础设施和公共服务布局

农村基础设施建设和公共服务统筹是实现乡村振兴目标的有力支撑。近年来,我国农村地区的基础设施建设取得了重大进展,农村的公共服务水平也得到了有效提升,但与实现乡村振兴的目标要求还存在较大差距。基础设施薄弱、公共服务不足仍制约着我国广大乡村的发展。随着数字乡村建设的提出和推进,其重要内容就是要加快乡村信息基础设施建设、深化信息惠民服务,如大幅提升乡村网络设施水平、完善信息终端和服务供给、加快乡村基础设施数字化转型、深入推动乡村教育信息化、完善民生保障信息服务等。数字乡村发展战略的实施将有效完善农村基础设施建设和公共服务布局,促进乡村振兴战略目标的实现。

第一章　数字乡村概述

(五) 有利于缩小城乡"数字鸿沟"

1. 数字乡村建设将为乡村振兴提供新动能

全面建设社会主义现代化国家,最艰巨、最繁重的任务仍然在农村。实施乡村振兴战略的总要求是产业兴旺、生态宜居、乡风文明、治理有效、生活富裕。《数字乡村发展行动计划(2022—2025年)》中关于数字乡村建设重点任务的部署与乡村振兴战略的总要求是相互契合的,数字乡村建设是实现乡村振兴的重要抓手。

2. 数字乡村建设是助力数字中国建设的必然选择

由于城乡"数字鸿沟"的存在,农村地区的数字化建设是数字中国建设的基础与前提,也是数字中国建设的痛点和难点。数字乡村的建设将有效提升农村的数字基础设施水平、缩小城乡"数字鸿沟",全面推动农业农村现代化建设。数字乡村建设是助力数字中国建设的必然选择,也是数字中国建设的"最后一公里"。

【案例链接】

浙江省湖州市:数字赋能乡村振兴
推进农民农村共同富裕

湖州市位于浙江北部、太湖南岸,"五山一水四分田",耕地面积233万亩,乡村常住人口115万人,2021年农村居民人均可支配收入41 303元,城乡居民收入比1.65∶1。近年来,湖州市深入贯彻党中央、国务院决策部署,强化共同富裕示范区建设担当,发挥信息产业集聚优势,创新推进乡村生产方式、生活方式、治理方式数字化变革,引领产业发展智能化、乡村治理精细化、要素供给便捷化,加快构建共同富裕大场景下数字乡村新图景,探索数字赋能乡村振兴特色路径,在全国率先实现县域数字

农业农村发展水平先进县全覆盖。

一、推进生产经营数字化改造,提升乡村产业效益

大力实施科技强农、机械强农"双强"行动,培育发展"数字化+"产业发展新模式、新主体、新业态,构建数字乡村产业体系,促进产业增效,助力农民增收。打造智能管理产业大脑。聚焦茶叶、渔业、湖羊等特色优势产业,贯通生产、流通、消费、分配各环节,构建产能预测、风险预警、市场对接、要素服务等智能模块,提升产业发展综合管理能力。如安吉白茶"产业大脑",构建1个数据中心+N个应用的数字化体系,覆盖全县20万亩茶园,服务1万多户茶企(农),运用区块链技术进行全产业链闭环管理,实现一屏全域监管、一码全程溯源,有效保护了"安吉白茶"品牌价值,2021年白茶产值同比增长13%,带动农民平均增收8 600元。培育智能装备未来农场,引导和支持家庭农场、农民合作社、农业企业等主体,对农场基础设施、机械装备等进行数字化改造,推动物联网平台开发应用,累计建成30家数字农业工厂、33家未来农场,带动改造191家种养基地,推进生产经营过程自动化智能化。如吴兴恒鑫太湖蟹未来农场,面积1 088亩,年产太湖蟹32万斤,通过机械化改造和数字化提升,主要环节劳动力成本降低50%,生产效率提升38%以上。发展智慧商贸数字经济,深入推进"互联网+"农产品出村进城工程,加快物流体系改造升级,累计建成189个农产品仓储保鲜冷链物流设施,主要品牌快递服务实现行政村全覆盖。创新"两山"区域公用品牌与电商融合发展模式,推广线上产销对接平台,培育直播带货、农村电商等新型经营主体1 055家,年网络销售额83亿元。如长兴县打造城乡一体化物流配送服务体系和数字平台,市民在线上小程序订购,农民在线下站点供货,平台通过大数据算法最优派单,快递员下乡时顺带农产品回城,县域

内平均6小时完成配送。

二、推进管理服务数字化互联，提升乡村治理效能

发布《乡村数字化治理指南》地方标准，推动信息基础设施建设和数字资源应用向乡村延伸，深化现代信息技术集成应用，促进乡村管理精准高效、为民服务精细便捷。推进发展动态"一图感知"。完善农村信息基础设施网络，实现5G网络、千兆光纤、益农信息社行政村全覆盖。在此基础上，集乡村规划、乡村经营、乡村环境、乡村服务、乡村治理5大类319条核心数据，开发建设"数字乡村一张图"应用，实时掌握乡村生产、生活、生态变化。如德清县东衡村对产业项目空间利用情况实行可视化管理，定期更新工业众创园、文化街区企业入驻情况，助力精准招商。五四村以电子围栏取代人工卡口，用大数据实时分析、精准定位村民健康码状态，实现网格化智能化疫情防控。推进公共管理"一云统揽"。加强农村集体"三资"数字化管理，1 005个村级集体经济组织全部纳入"浙农经管"应用，推动财务审批线上办理、账目变化实时公开。创新农村公共设施智能管护机制，在公交车加装自动巡检设备，将行驶中发现的路面病害回传养护中心，大幅节省人力巡查成本。开发"农村生活垃圾分类智慧监管"应用，给户用垃圾桶贴上智能芯片，收集人员通过扫码实行积分管理，推动垃圾源头分类准确率提高到90%以上、厨余垃圾资源化利用率达到100%。推进便民服务"一网通办"。依托"浙里办"平台，在线教育考试、预约挂号、养老补贴、医保转接、户籍登记等19个方面500多项便民服务事项，推动"最多跑一次"向乡村延伸，实现"网上办、掌上办"。全面评估农村老年人养老需求，推行"一床一码"，为独居、空巢、孤寡及低保家庭老年人提供24小时呼叫服务，在线办理意外伤害保险直赔。为40多万名高血压、糖尿病患者精准画像，提供AI

随访、智慧提醒、健康处方推送等数字化家庭签约医生服务。

三、推进资源配置数字化改革，提升要素供给效率

聚焦人才缺乏、用地难、贷款难等制约乡村建设发展的瓶颈性问题，创新运用数字化解决方案，优化资源配置方式、提升配套服务水平，引导人才、土地、资金更多流向乡村。创业人才"码上服务"。持续开展"百校千企万岗"大学生招引直通车活动，拓展"云招聘"通道，通过融媒体、视频号等平台直播带岗，每年招引3 000名高校毕业生到乡村就业创业。打造人才服务数字平台，为乡村创客、优秀乡贤等2万多名人才激活人才码，实行企业开办、项目资助、贷款贴息、法律服务等创新创业一站式服务、一门式办理，在线提供人才公寓、安家补贴、子女入学、社保缴纳、交通出行、文体娱乐等生活服务，培养干得好、能留住的乡村振兴带头人。闲置土地"线上盘活"。如德清县开发"宅富通·农房激活"应用，建成覆盖全县的闲置宅基地和闲置农房资源数据库，加强申请、审批、流转、退出全链条管理，为供需双方提供信息共享、意向对接、集合竞价、交易撮合、流转合同等居间服务，增强信息传递和价格发现功能，推动农村"沉睡资产"盘活利用，实现更多权益。累计盘活闲置宅基地1 340亩、闲置农房4 248幢，落地建设项目16个，总投资超6 000万元，带动农户增收1亿元，推动村集体经营性收入年均增长24%。贷款授信"掌上办理"。深化国家绿色金融改革创新试验区建设，创建"绿贷通"智能化金融平台，建立信贷资产碳核算系统，开展精准评估和评级授信，上线惠农专项信贷产品39款，服务农业经营主体1 978家、贷款授信86亿元。运用大数据技术，智能感知企业融资需求，向金融机构推送"白名单"，自动匹配银行网点对接服务。如"绿贷通2.0"预测某企业可能存在融资需求，智能派单给吴兴农商行，通过数字赋能即

第一章　数字乡村概述

时发放300万元信用贷款，缓解了企业资金周转难题。

二、数字乡村建设的发展模式

数字乡村建设是一项点多面广的系统性工程，需要在深入了解和分析本地实际需求和发展现状基础上，结合建设项目特点，探索相应的建设和运营模式，实现数字乡村创新、集约、高效、可持续发展。

（一）乡村分类建设

根据《数字乡村发展战略纲要》分类推进数字乡村建设的要求，集聚提升类、城郊融合类、特色保护类和搬迁撤并类4种类型村庄应结合自身实际，合理规划建设内容。

集聚提升类村庄是指现有规模较大的中心村和其他仍将存续的一般村庄，占乡村类型的大多数。针对该类村庄，数字乡村建设重点是加快物联网、地理信息系统、智能设备等现代信息技术与农村生产生活的深度融合，推动原有主导产业数字化转型升级，培育乡村新业态、提升乡村综合治理能力，激活产业、优化环境、提振人气、增添活力，保护保留乡村风貌，建设宜居宜业的美丽村庄。

城郊融合类村庄是指城市近郊区以及县城城关镇所在地的村庄，具备成为城市后花园的基础，也具有向城市转型的条件。针对该类村庄，数字乡村建设重点是加快城乡产业融合发展，实现基础设施互联互通和公共服务共建共享，大力发展数字经济，推动"互联网+社区"向农村延伸，提高基本公共服务均等化水平，满足乡村居民不断提升的生活服务和消费需求。此类村庄的数字乡村建设应与智慧城市一体设计、同步实施。

特色保护类村庄是指一些具有历史文化的村庄、具有特色旅游资源的村庄以及部分少数民族特色村寨。此类型村庄生态环境优美，需要注重对自然环境和特色建筑的保护，数字乡村建设重点是改善信息基础设施，发掘独特的文化和自然景观资源，推进乡村特色资源的数字化开发利用和保护，依托互联网平台发展特色旅游和农产品销售，建设互联网特色村庄。

搬迁撤并类村庄是指位于生存条件恶劣、生态环境脆弱、自然灾害频发等地区的村庄，以及因重大项目建设需要搬迁的村庄、人口流失特别严重的村庄。针对该类村庄，数字乡村建设重点是对拟迁入或新建村庄的信息基础设施与道路、住宅等同步规划、设计、建设，避免形成新的"数字鸿沟"。

（二）建设运营模式

数字乡村建设要充分调动企业积极性，除应急、政务、安全等领域外，可引入企业参与投资和运营。建设运营模式可分为政府投资社会主体运营、政企合作建设运营、企业投资独立运营等模式。

1. 政府投资社会主体运营

由政府主导，委托有资质的机构或企业开展数字乡村项目设计和建设工作，政府拥有项目资产所有权，运营工作由政府委托社会企业负责。负责企业要及时征求项目使用部门、社会公众意见，与项目建设部门做好沟通，及时调整更新应用、服务以满足使用者的需求。

此模式适用于公共服务、乡村治理等涉及多个政府部门的项目，政府需要承担一定资金，具备较高的数字技术统筹管理能力。

2. 政企合作建设运营

一是政府和企业通过签订合同明确各自投资边界、运营分工和职责，合作开展项目建设和运营。运营过程中，政府对企业运营活动进行监管，企业通过特许经营开展有偿服务获得收入。

二是政府投资平台企业和社会资本合作共同出资组建项目公

司，项目公司根据政府委托，具体负责项目融资、建设和运营。政府授予项目公司特许经营权，项目公司通过特许经营开展有偿服务获得收入。

政企合作建设运营模式可兼顾政府和企业利益诉求，合理配置市场资源，减轻政府财政投入压力，提升市场主体的参与程度。此模式适用于乡村养老、乡村医疗、智慧文体等前期需要较大投资、运营阶段盈利空间相对有限的项目，政府需要强化对企业的服务过程、服务效果和信息安全的监管能力。项目公司应在政府统一规划和相关标准规范指引下参与投资、建设和运营。

3. 企业投资独立运营

政府统筹数字乡村规划布局，通过政策引导社会资本参与数字乡村建设。采取"政府监督、企业主导、生态参与"方式，由单个企业或企业间合作筹措资金、开展项目建设和运营，企业拥有项目资产所有权。企业采取市场化运营模式，可采取向使用者收费的后向商业模式，也可采用向生态合作伙伴前向收费的商业模式。

此模式常见于基础通信网络建设、智慧农业、智慧旅游、智慧康养等专业化程度较高、具有一定盈利空间的非公共服务类业务领域。此模式为政府节省了大量财力、物力和人力，同时发挥了市场主体专业化运营服务优势、激活了市场主体活力。相对而言，由于企业自负盈亏、承担投资压力和经营风险，其服务质量受经营管理能力影响，存在一定的不确定性。并且该类模式下，政府对项目的掌控力度较弱，需做好市场监管，创造良好的市场经营环境，给予企业开展商业模式创新必要的政策支持。

【案例链接】

昆山市三举措开启数字乡村"领跑"模式

近年来，昆山市抢抓数字变革机遇，全面推进农业农村数字化转型，成效显著。获评首批全国县域农业农村信息化发展先进县和江苏省数字农业农村基地县，首批省级数字乡村试点县终期评估位列第一名。

一是提档升级，基础设施网络化。实施双千兆光纤进村入户工程，行政村全覆盖；实施900兆5G基站建设工程，建成5G基站6 779个，行政村5G网络全覆盖，位列苏州第一；数字电视网络双向网络覆盖率99.3%，实现城乡"同网同速"。

二是三级联动，平台管理精细化。建设城市大脑指挥中枢、区镇集成指挥中心、行政村网格化联动工作站，形成市镇村三级数字化治理模式。"互联网+政务服务"平台服务线上办理事项1 765项，占总事项96%以上。创建苏州市"智慧农村"示范村21个。建成昆山数字农业农村大数据云平台，获评为全国数字农业农村新技术新产品新模式优秀项目。

三是示范引领，产业发展数字化。引导和支持农业生产主体"智改数转"，建成陆家未来智慧田园"A+温室工场"和苏州首家"5G+智慧渔场"，打造行业数字化标杆。建成智能化生产点位231个、物联网设备171组、物联网技术应用面积5.71万亩，创建苏州市智慧农业生产示范场景6个、省级数字农业农村基地5个。2022年农村电子商务交易额突破25亿元。

第三节　数字乡村的发展规划

一、数字乡村的战略目标

《数字乡村发展战略纲要》指出了数字乡村的战略目标。

到2020年，数字乡村建设取得初步进展。全国行政村4G覆盖率超过98%，农村互联网普及率明显提升。农村数字经济快速发展，建成一批特色乡村文化数字资源库，"互联网+政务服务"加快向乡村延伸。网络扶贫行动向纵深发展，信息化在美丽宜居乡村建设中的作用更加显著。

到 2025 年，数字乡村建设取得重要进展。乡村 4G 深化普及、5G 创新应用，城乡"数字鸿沟"明显缩小。初步建成一批兼具创业孵化、技术创新、技能培训等功能于一体的新农民新技术创业创新中心，培育形成一批叫得响、质量优、特色显的农村电商产品品牌，基本形成乡村智慧物流配送体系。乡村网络文化繁荣发展，乡村数字治理体系日趋完善。

到 2035 年，数字乡村建设取得长足进展。城乡"数字鸿沟"大幅缩小，农民数字化素养显著提升。农业农村现代化基本实现，城乡基本公共服务均等化基本实现，乡村治理体系和治理能力现代化基本实现，生态宜居的美丽乡村基本实现。

到 21 世纪中叶，全面建成数字乡村，助力乡村全面振兴，全面实现农业强、农村美、农民富。

二、数字乡村发展的重点任务

（一）加快乡村信息基础设施建设

大幅提升乡村网络设施水平。加强基础设施共建共享，加快农村宽带通信网、移动互联网、数字电视网和下一代互联网发展。持续实施电信普遍服务补偿试点工作，支持农村地区宽带网络发展。推进农村地区广播电视基础设施建设和升级改造。在乡村基础设施建设中同步做好网络安全工作，依法打击破坏电信基础设施、生产销售使用"伪基站"设备和电信网络诈骗等违法犯罪行为。

完善信息终端和服务供给。鼓励开发适应"三农"特点的信息终端、技术产品、移动互联网应用（App）软件，推动民族语言音视频技术研发应用。全面实施信息进村入户工程,构建为农综合服务平台。

加快乡村基础设施数字化转型。加快推动农村地区水利、公路、电力、冷链物流、农业生产加工等基础设施的数字化、智能化转型,推进智慧水利、智慧交通、智能电网、智慧农业、智慧物流建设。

(二) 发展农村数字经济

夯实数字农业基础。完善自然资源遥感监测"一张图"和综合监管平台,对永久基本农田实行动态监测。建设农业农村遥感卫星等天基设施,大力推进北斗卫星导航系统、高分辨率对地观测系统在农业生产中的应用。推进农业农村大数据中心和重要农产品全产业链大数据建设,推动农业农村基础数据整合共享。

推进农业数字化转型。加快推广云计算、大数据、物联网、人工智能在农业生产经营管理中的运用,促进新一代信息技术与种植业、种业、畜牧业、渔业、农产品加工业全面深度融合应用,打造科技农业、智慧农业、品牌农业。建设智慧农(牧)场,推广精准化农(牧)业作业。

创新农村流通服务体系。实施"互联网+"农产品出村进城工程,加强农产品加工、包装、冷链、仓储等设施建设。深化乡村邮政和快递网点普及,加快建成一批智慧物流配送中心。深化电子商务进农村综合示范,培育农村电商产品品牌。建设绿色供应链,推广绿色物流。推动人工智能、大数据赋能农村实体店,促进线上线下渠道融合发展。

积极发展乡村新业态。推动互联网与特色农业深度融合,发展创意农业、认养农业、观光农业、都市农业等新业态,促进游憩休闲、健康养生、创意民宿等新产业发展,规范有序发展乡村共享经济。

(三) 强化农业农村科技创新供给

推动农业装备智能化。促进新一代信息技术与农业装备制造业结合，研制推广农业智能装备。鼓励农机装备行业发展工业互联网，提升农业装备智能化水平。推动信息化与农业装备、农机作业服务和农机管理融合应用。

优化农业科技信息服务。建设一批新农民新技术创业创新中心，推动产学研用合作。建立农业科技成果转化网络服务体系，支持建设农业技术在线交易市场。完善农业科技信息服务平台，鼓励技术专家在线为农民解决农业生产难题。

(四) 建设智慧绿色乡村

推广农业绿色生产方式。建立农业投入品电子追溯监管体系，推动化肥农药减量使用。加大农村物联网建设力度，实时监测土地墒情，促进农田节水。建设现代设施农业园区，发展绿色农业。

提升乡村生态保护信息化水平。建立全国农村生态系统监测平台，统筹山水林田湖草系统治理数据。强化农田土壤生态环境监测与保护。利用卫星遥感技术、无人机、高清远程视频监控系统对农村生态系统脆弱区和敏感区实施重点监测，全面提升美丽乡村建设水平。

倡导乡村绿色生活方式。建设农村人居环境综合监测平台，强化农村饮用水水源水质监测与保护，实现对农村污染物、污染源全时全程监测。引导公众积极参与农村环境网络监督，共同维护绿色生活环境。

(五) 繁荣发展乡村网络文化

加强农村网络文化阵地建设。利用互联网宣传中国特色社会主义文化和社会主义思想道德，建设互联网助推乡村文化振兴建设示范基地。全面推进县级融媒体中心建设。推进数字广播电视户户通和智慧广电建设。推进乡村优秀文化资源数字化，建立历史文化名镇、名村和传统村落"数字文物资源库""数字博物馆"，加强农村优秀传统文化的保护与传承。以"互联网+中华文明"行动计划为抓手，推进文物数字资源进乡村。开展重要农业文化遗产网络展览，大力宣传中华优秀农耕文化。

加强乡村网络文化引导。支持"三农"题材网络文化优质内容创作。通过网络开展国家宗教政策宣传普及工作，依法打击农村非法宗教活动及其有组织的渗透活动。加强网络巡查监督，遏制封建迷信、攀比低俗等消极文化的网络传播，预防农村少年儿童沉迷网络，让违法和不良信息远离农村少年儿童。

（六）推进乡村治理能力现代化

推动"互联网+党建"。建设完善农村基层党建信息平台，优化升级全国党员干部现代远程教育，推广网络党课教育。推动党务、村务、财务网上公开，畅通社情民意。

提升乡村治理能力。提高农村社会综合治理精细化、现代化水平。推进村委会规范化建设，开展在线组织帮扶，培养村民公共精神。推动"互联网+社区"向农村延伸，提高村级综合服务信息化水平，大力推动乡村建设和规划管理信息化。加快推进实施农村"雪亮工程"，深化平安乡村建设。加快推进"互联网+公共法律服务"，建设法治乡村。依托全国一体化在线政务服务平台，加快推广"最多跑一次""不见面审批"等改革模式，推动政务服务网上办、马上办、少跑快办，提高群众办事便捷程度。

（七）深化信息惠民服务

深入推动乡村教育信息化。加快实施学校联网攻坚行动，推动未联网学校通过光纤、宽带卫星等接入方式普及互联网应用，实现乡村小规模学校和乡镇寄宿制学校宽带网络全覆盖。发展"互联网+教育"，推动城市优质教育资源与乡村中小学对接，帮助乡村学校开足开好开齐国家课程。

完善民生保障信息服务。推进全面覆盖乡村的社会保障、社会救助系统建设，加快实现城乡居民基本医疗保险异地就医直接结算、社会保险关系网上转移接续。大力发展"互联网+医疗健康"，支持乡镇和村级医疗机构提高信息化水平，引导医疗机构向农村医疗卫生机构提供远程医疗、远程教学、远程培训等服务。建设完善中医馆健康信息平台，提升中医药服务能力。完善面向孤寡和留守老人、留守儿童、困境儿童、残障人士等特殊人群的信息服务体系。

(八) 激发乡村振兴内生动力

支持新型农业经营主体和服务主体发展。完善对农民合作社和家庭农场网络提速降费、平台资源、营销渠道、金融信贷、人才培训等政策支持，培育一批具有一定经营规模、信息化程度较高的生产经营组织和社会化服务组织，促进现代农业发展。

大力培育新型职业农民。实施新型职业农民培育工程，为农民提供在线培训服务，培养造就一支爱农业、懂技术、善经营的新型职业农民队伍。实施"互联网+小农户"计划，提升小农户发展能力。

激活农村要素资源。因地制宜发展数字农业、智慧旅游业、智慧产业园区，促进农业农村信息社会化服务体系建设，以信息流带动资金流、技术流、人才流、物资流。创新农村普惠金融服务，改善网络支付、移动支付、网络信贷等普惠金融发展环境，为农民提供足不出村的便捷金融服务。降低农村金融服务门槛，为农业经营主体提供小额存贷款、支付结算和保险等金融服务。依法打击互联网金融诈骗等违法犯罪行为。

（九）推动网络扶贫向纵深发展

助力打赢脱贫攻坚战。深入推动网络扶贫行动向纵深发展，强化对产业和就业扶持，充分运用大数据平台开展对脱贫人员的跟踪及分析，持续巩固脱贫成果。

巩固和提升网络扶贫成效。打赢脱贫攻坚战后，保持过渡期的政策稳定，继续开展网络扶志和扶智，不断提升贫困群众生产经营技能，激发贫困人口内生动力。

（十）统筹推动城乡信息化融合发展

统筹发展数字乡村与智慧城市。强化一体设计、同步实施、协同并进、融合创新，促进城乡生产、生活、生态空间的数字化、网络化、智能化发展，加快形成共建共享、互联互通、各具特色、交相辉映的数字城乡融合发展格局。鼓励有条件的小城镇规划先行，因地制宜发展"互联网+"特色主导产业，打造感知体验、智慧应用、要素集聚、融合创新的"互联网+"产业生态圈，辐射和带动乡村创业创新。

分类推进数字乡村建设。引导集聚提升类村庄全面深化网络信息技术应用，培育乡村新业态。引导城郊融合类村庄发展数字经济，不断满足城乡居民消费需求。引导特色保护类村庄发掘独特资源，建设互联网特色乡村。引导搬迁撤并类村庄完善网络设施和信息服务，避免形成新的"数字鸿沟"。

加强信息资源整合共享与利用。依托国家数据共享交换平台体系，推进各部门涉农政务信息资源共享开放、有效整合。统筹整合乡村已有信息服务站点资源，推广一站多用，避免重复建设。促进数字乡村国际交流合作。

第四节　数字乡村的发展历程及现状

一、数字乡村的发展历程

数字乡村的概念虽然是由《数字乡村发展战略纲要》正式提出来的，但是我国农业农村信息化是从改革开放之初就开始探索的，到目前为止经历了萌芽期、起步期、发展期、扩散期和提速期，未来将进入全面发展的历史时期。

（一）萌芽期

1990年以前为数字乡村发展的萌芽期。这个时期，计算机初步应用于农业科学计算。1979年，我国引进了第一台用于农业科学计算、数字规划模型和统计分析的大型计算机——FelixC-512。1983—1990年，中国科学院合肥智能机械研究所、江苏省农业科学院等科研院所陆续研制了"砂姜黑土小麦施肥专家系统""农业专家系统""水稻模拟模型 RICE MOD""棉花生产管理模拟系统"，率先利用计算机解决了农业领域数字计算规划问题。1987年，农业部成立信息中心，标志着计算机技术正式应用于农业生产。

（二）起步期

1991—2000年为数字乡村发展的起步期。在这期间，政府部门重视农村信息化发展，陆续建成大型农业信息网络，农业信息化应用得到了系统推广。

1992年，农业部出台了《农村经济信息体系建设方案》，首次提出对信息体系建设和信息服务工作的统筹协调与规划指导。1994年，农业部成立市场与信息化司，主要职责是主管农业信息工作。1995年，《农村经济信息体系建设"九五"计划和

2010年规划》出台，大力推进农业信息工作。1996年，中国农业信息网建成，在全国范围内配备了计算机，实现了用计算机处理大规模统计数据。1997年，"中国农业科技信息网"正式上线运行，同时，科技部启动了"国家智能化农业信息技术应用示范工程"重大专项，并在22个省市建立示范区，推广应用系统。

（三）发展期

2001—2010年为数字乡村的发展期。在这期间，政府加强指导农业信息服务建设，完善信息化基础设施，启动实施农村信息化工程项目。

2001—2007年，农业部先后出台了《"十五"农村市场信息服务行动计划》《农业部关于进一步加强农业信息化建设的意见》《"十一五"时期全国农业信息体系建设规划》《全国农业和农村信息化建设总体框架（2007—2015）》等，对乡村数字化发展做出规划与部署。2003年，农业部启动建设"金农工程"，加速推进乡村数字化。国家农业数据中心已经完成建设任务，农业监测预测系统、农产品监管信息系统投入使用。2005年，农业部启动"三电合一"农业信息服务项目，利用信息传输载体为农民提供各种信息服务。2007年，中央一号文件《中共中央　国务院关于积极发展现代农业扎实推进社会主义新农村建设的若干意见》强调要健全农业信息收集和发布制度，推动农业信息数据收集整理规范化、标准化。加强信息服务平台建设，深入实施"金农工程"，建立国家、省（自治区、直辖市）、市、县四级农业信息网络互联中心。2008年，中央一号文件《中共中央　国务院关于切实加强农业基础建设进一步促进农业发展农民增收的若干意见》强调要按照求实效、重服务、广覆盖、多模式的要求，整合资源，共建平台，健全农村信息服务体系。推进"金农工程""三电合一"农村信息化示范和农村商务信息服务等工程建设,积极探索信息服务进村入户的途径和办法。

(四)扩散期

2011—2019年为数字乡村发展的扩散期。政府做出农业信息化全面部署决策,市场需求日益旺盛,服务和支撑体系打下一定的基础。

党的十八大做出"促进工业化、信息化、城镇化、农业现代化同步发展"的战略部署,对农业信息化发展提出新的要求。2017年10月18日,党的十九大报告首次提出乡村振兴战略,数字乡村的概念应运而生。

现阶段,数字农业发展受制于传统方式,面对市场经济和生态资源的变化,对农业生产、经营、管理数字化的需求日益猛增。与此同时,我国信息领域蓬勃发展,农村电商快速崛起,农产品网上交易量突飞猛进,新一代信息技术日渐成熟,为乡村数字化发展带来了机遇,也奠定了坚实的基础。

(五)提速期

2019年5月,《数字乡村发展战略纲要》发布,确立了从2020年到21世纪中叶4个阶段的数字乡村发展目标,部署加快乡村信息基础设施建设、发展农村数字经济、强化农业农村科技创新供给、建设智慧绿色乡村、繁荣发展乡村网络文化、推进乡村治理能力现代化、深化信息惠民服务、激发乡村振兴内生动力、推动网络扶贫向纵深发展、统筹推动城乡信息化融合发展10项重点任务。我国数字乡村建设进入新的发展时期。

《数字乡村发展战略纲要》的10项任务安排可以概括为"1+5+2+2":一个基础——网络基础设施;五大方向——经济、民生、文化、生态、治理;两个驱动——科技创新和农民的内生动力;两个重点——网络扶贫和城乡融合。这为我国数字乡村的未来发展提供了清晰的战略指引。

2020年10月，中共中央网络安全和信息化委员会办公室、农业农村部、国家发展改革委、工业和信息化部、科技部、国家市场监督管理总局、国务院扶贫办联合印发了《关于公布国家数字乡村试点地区名单的通知》，公布了首批国家数字乡村试点地区名单。国家级试点示范的开展，标志着数字乡村发展战略进入更加具体的实施推进阶段。

2022年1月，中央网信办、农业农村部、国家发展改革委、工业和信息化部、科技部、住房和城乡建设部、商务部、国家市场监督管理总局、广电总局、国家乡村振兴局印发《数字乡村发展行动计划（2022—2025年）》，部署了数字基础设施升级行动、智慧农业创新发展行动、新业态新模式发展行动、数字治理能力提升行动、乡村网络文化振兴行动、智慧绿色乡村打造行动、公共服务效能提升行动和网络帮扶拓展深化行动八个方面的重点行动。

二、数字乡村的发展现状

当前，新一代信息技术创新空前活跃，不断催生新技术、新产品、新模式，推动全球经济格局和产业形态深度变革。我国历来重视网络安全和信息化工作，并作出了一系列战略决策，统筹推进网信事业快速发展。农村信息基础设施加快建设，线上线下融合的现代农业加快推进，农村信息服务体系加快完善。但从各地数字乡村建设实践看，数字乡村发展战略落地实施存在创新水平不够、农业农村大数据统筹利用不足、数字乡村建设资金、人才等资源缺乏等问题，在推动乡村产业数字化、公共服务数字化及乡村治理数字化等方面还存在短板，不利于数字技术扩散、渗透和惠民效应的发挥，不利于乡村振兴战略和数字中国战略的有效实施。

(一) 数字乡村基础设施和技术创新不够

从创新角度看数字乡村,尽管我国农业农村大数据收集与利用、数字农业建模、农业传感器技术研发等工作已取得了突破性进展,但在具体应用中,还存在农业生产环节智能装备研发滞后,农业专用传感器缺乏,农业农村大数据创新性应用不足,农村公共服务数字化创新不够,乡村基础设施数字化转型技术支撑不足,农业机器人、智能农机适应性较差等问题。数字乡村基础设施及信息系统建设求大求全,"面向需求、简便实用、质量过硬"的数字乡村基础设施的研发创新不够,增加了数字乡村建设的成本和推广难度。

(二) 农业农村大数据统筹利用不足

农业农村大数据的收集、共享及分析是数字乡村建设的基础,各地数字乡村建设实践中都高度重视农业农村大数据的收集工作,充分利用卫星遥感数据、政府部门数据、人工调查数据等完善乡村发展的大数据系统。但是,目前从中央到县各级政府的农业基础大数据收集、共享和管理均缺乏系统性和科学性,导致数据基础较差、服务落后、应用范围窄。在调研中发现,部分地区农业农村大数据主要采用人工方式进行采集,工作量大、数据可持续性不强、数据更新难度大。

(三) 数字乡村建设资金、人才等资源缺乏

数字乡村建设是一项长期工程,需要长期资金投入,也需要大量人才支撑。一方面,我国乡村地理环境相对复杂,山地、丘陵较多,乡村地区数字化转型发展的基础也相对落后,数字乡村建设需要大量资金支持,但目前缺口较大。出于对农村投资回报周期长、回报率低的现实情况考虑,民间资本大多处于观望状态。另一方面,数字乡村建设乡土人才支撑较弱。中青年劳动力流失严重,新型农业经营主体发育不够充分,造成农村社会空心

化、老龄化。农村留守老人一般观念比较落后，学习和使用新技术能力较弱，在一定程度上阻碍了数字化技术在农村的应用。

【案例链接】

"数字引擎"激发乡村振兴活力

2023年全国两会期间，习近平总书记在参加江苏代表团审议时强调，要优化镇村布局规划，统筹乡村基础设施和公共服务体系建设，深入实施农村人居环境整治提升行动，加快建设宜居宜业和美乡村。

新时代新征程新重庆，打造互联网镇村是统筹乡村基础设施和公共服务体系建设的重要内容，将为农业农村发展增动力、添活力。

据重庆市大数据局公布数据显示，截至2023年3月，重庆市已建成257个互联网镇、2 890个互联网村，在国家数字乡村试点阶段性评估中处于领先水平。

互联网镇村，是将城镇及乡村的政务、产业、服务等领域与移动网络无缝衔接，进而促进当地政务服务、经济发展，并为居民生产生活等带来便利，它既是乡村振兴的战略方向，也是数字中国建设的重要内容。

政务接网，村务"上云"，跑腿办变线上办

酉阳县清泉乡清溪村，地处乌江百里画廊核心区，乌江绕村蜿蜒流淌，每年吸引众多游客前往打卡观光。乡村旅游蓬勃发展，让清溪村村民陈长书萌生了开办农家乐的想法。

开办农家乐，首先需要办理营业执照。

"以前办理这类证件，要跑到20多公里外的龚滩镇去办，费时费力。"陈长书打听得知，得益于互联网镇村建设，酉阳在多个乡镇（街道）邮政网点设立了"政务服务厅"，村民通过网络就能办理行政审批及公共服务等事项。抱着试一试的想法,他走进乡里的邮政网点,结果很快完成了营业执照资料填报申请。

"没想到完成审批后的第二天,执照就邮寄上门了!"陈长书说。政务网上办带来的便捷为他开了个好头,他有信心将农家乐操办得红红火火。

互联网技术带来的便利,也让酉阳县黑水镇平地坝村党支部书记胡青松感受很深,"自从村务办理搬上'云端',办事效率高了,群众满意度也高了"。

在互联网镇村建设中,平地坝村将数字化技术与乡村治理结合,搭建起综合信息展示平台。平台包含乡村总览、产业兴旺等6项内容,不仅能实时了解农户动态、为农户提供种植建议,还能精准推送助农信息、开展返贫动态监测等,受到村民好评。

产业联网,以"数"育农,带动致富增收

丰都县三元镇的红心柚曾多次获得"国际名牌产品""重庆著名商标""中华名果"等称号。但由于销售渠道单一,丰都红心柚曾一度叫好不叫座。被纳入互联网镇村建设后,三元镇实现光纤、5G 网络全覆盖,丰都红心柚搭上网购"快车"。

"以前一个红心柚卖 8 元还愁销路,现在卖 20 元一个都供不应求,去年我们的销售额突破 3 000 万元。"丰都县红友王红心柚专业合作社负责人李治君说。

通过互联网技术带动种养殖产业发展,促进农户增收致富,这样的例子在重庆还有不少。

姜晓东是巴南区姜家镇的养殖户,养殖了 5 000 多只鸡鸭。他同时也是一名短视频创作达人,每天他都会将养殖过程拍成短视频上传到短视频平台,获得更多关注。

而姜晓东能掌握这一技能,还多亏了巴南区的"新农人孵化培养计划"。该计划招募一批"新农人"进行短视频运营和直播

带货技能培养，帮助他们拓展线上销售渠道。目前，姜晓东的粉丝已有数千人，今年预计养殖收入将突破 20 万元。

服务搭网，村民坐家里，智慧服务送上门

在互联网镇村建设带动下，重庆不仅在政务治理、产业发展中广泛运用互联网技术，多个区县还从一批基础性、标志性、代表性服务项目入手运用互联网技术，让村民在家门口享受智慧服务。

周一到周五，铜梁区安溪镇金滩村村民鲁云兰都要送孙子去上学。回到家后，她习惯打开电视机，点击数字乡村平台上的"安溪新闻"板块，查看本地新闻和惠民信息，"平台上可以看到不少服务信息，很方便！"

在互联网镇村建设中，安溪镇启动上线"数字乡村"平台，让电视机"变身"智能终端平台，整合政务、文明创建、社会治安、森林防火等信息进行集中发布。

"大家还能从平台上获取各类招工、社保等信息，非常省心。"金滩村党支部书记郑显琼说，村里油茶、辣椒等产品信息也可以通过平台发布，这些特色农产品也因此销得更好。

"在互联网镇村建设下，一大批数字乡村项目陆续实施，让城乡'数字鸿沟'不断缩小。"市大数据局相关负责人表示，按照发展数字经济、推进乡村振兴的目标要求，重庆市将瞄准智慧农业、农业农村大数据深化应用等方向，持续补足乡村数字设施短板，加快全市数字乡村建设。

第二章　数字农业

第一节　数字农业的概念和特点

一、数字农业的概念

数字农业是指利用数字技术和信息化手段，对农业生产、经营和管理进行数字化、智能化和网络化的全过程管理。数字农业包括农业信息化、物联网、云计算、大数据、人工智能、区块链等技术在农业领域的应用，从而实现农业生产数据的数字化、信息化、智能化和共享化，提高农业生产效率、质量和可持续性。

二、数字农业的特点

（一）数据化

数字农业的核心是数据，数据采集、处理、分析和应用都是数字农业的重要环节。

（二）智能化

数字农业利用人工智能、大数据和物联网等技术，实现农业生产的智能化管理和决策。

（三）网络化

数字农业建立了数字化农业生态系统，通过农业云平台和农业物联网等技术，实现农业生产、经营和管理的网络化。

（四）可视化

数字农业通过数据可视化的方式，将农业生产的数据呈现出来，方便农民和农业管理者了解农业生产的情况。

（五）共享化

数字农业通过数据共享的方式，实现农业生产数据的共享，促进农业生产效率和质量的提高。

第二节 数字农业的优势与挑战

一、数字农业的优势

运用数字农业给农业生产、经营、管理等方面带来了很多益处。

（一）有效改善农业生态环境

数字农业将农田、畜牧养殖场、水产养殖基地等生产设施及周边生态环境作为一个整体，可系统、准确地计算物质交换和能源循环关系，保障农业生产的生态环境。

（二）显著提高农业生产经营效率

数字农业基于精确的农业传感器，通过云计算、数据挖掘和其他技术进行多层次分析并将分析指令与各种控制设备连接起来，实现农业生产和管理。这种智能机械不仅解决了农业劳动力日益短缺的问题，而且替代了人类农业劳动力，实现了农业生产的大规模集约化和产业化，提高了农业生产能力和应对自然危害的能力。

（三）彻底转变农业生产者、消费者的观念和组织体系结构

数字农业拥有完整的农业科技和电子商务网络服务体系，使农业人员能够远程学习农业知识，无须走出家门即可获得各种技

第二章 数字农业

术和农产品的供求信息。专业体系和信息终端成为农业生产者的大脑,引导农业生产和管理,改变了他们完全依赖农业生产和管理经验的方式,彻底改变了传统农业固有的落后观念。此外,在数字农业阶段,农业生产和管理的规模及生产效率在增长,迫使小农生产被市场淘汰,必将催生以大规模农业协会为主体的农业组织体系。

【案例链接】

桐乡市以数字化改革引领农业高质量发展

近年来,桐乡市紧抓世界互联网大会机遇,以数字化改革为引领,聚焦"三农"服务工作需求,通过夯实数字基建、开发数字应用、激活数字动能等手段,系统推进农业数字化转型升级,以数字化手段更新发展思路、优化产业升级流程,为全面推进乡村振兴、扎实推动共同富裕提供新路径。连续三年获评全国县域数字农业农村发展水平评价先进县。

1. 夯实数字基建,拓宽乡村发展新大道

桐乡市围绕城乡网络一体化建设,建成全国首条县级城市国际互联网数据专用通道,全市公共场所免费 Wi-Fi 全覆盖。互联网普及率、家庭宽带入户率均达 100%,5G 基站覆盖率超 80%。获评省级乡村振兴产业发展示范建设县、省级"三农"新型基础设施建设试点县,争取省级以上补助资金 1 亿元。"桐乡数字乡村"已建立农业资源等 10 大数据库,编制资源目录 729 个,归集数据 228 万余条。完成种粮补贴田块、流转土地等 92 个图层的上图入库。制定《桐乡市农村流转土地调查登记数据库建库规范》等数据规范 2 个。

2. 开发数字应用,打造数字农业新场景

桐乡市聚焦数据基础、特色应用,持续推进全市农业农村领域数字化改革。开发"云上乡村"综合应用,打造"1+1+9+N"(一图、一库、九场景、N个应用模块)多跨场景,打通政务服务和家门口服务,为村民提供"医、学、住、行、享"等智慧生活服务;创新推出"田保姆"为农服务、"生猪精密智管"和"兴羊富民"等N个数字化特色应用场景;打造华腾石湾牧场数字农业工厂,构建"I+N+X"数字乡村产业矩阵,实现生产智能化、管理数据化、服务在线化。

3. 激活数字动能,打造农业发展新引擎

桐乡市坚持聚焦头部企业、头部资源,强化数字农业引领示范和辐射带动。建成国家级农业农村信息化示范基地1个,省级未来农场2个,省级数字农业工厂6个,数字农业应用示范基地25个。引进安信种苗、中科康成等农业高新技术企业,农业科技进步贡献率超67%;研发茭白自动分级分拣机、蘑菇自动采摘机器人等智能设备;以国家星创天地崇福农创园等为支点,培育"高精尖"农创客151人。打造区域公共品牌"桐之乡味",杭白菊、槜李、董家茭白获得国家地理标志产品认定。培育农业龙头企业44家、示范性农民合作社20家、示范性家庭农场49家,培育零售网店2.85万家,农产品网络营销额21.1亿元。

二、数字农业面临的主要挑战

(一)观念问题

数字农业面临的首要困难与挑战就是农民思想观念的转变,这也是最难实现的。面对日新月异的变化,农民很难适应新技术、新信息与生产方式的转变,这与他们长期形成的"小农意识"密不可分。

不难发现,在经济不发达的地方,那里的农民思想观念都相对落后,主要表现为:一是小农经济、自给自足的思想严重;二是"多子多福"的思想和"等、靠、要"的习惯盛行；三是故土难离的思想根深蒂固；四是缺乏诚实守信的思想；五是小富即安思想作祟，没有敢想敢干的创业精神。可见，落后的思想观念是捆住农民手脚的"绳索"，是制约农民增收致富的主要因素。不改变农民落后的思想观念，使其树立与现代农业市场经济相结合的新观念，促进农民增收就是一句空话。

(二) 成本计算问题

信息化成本高在一定程度上制约了农村信息化的推进。我国农民收入不高，加上受知识和观念的限制，在没有感受到信息化带来的真正实惠时，是不会主动支付信息费用的。在这种情况下，若要求他们按照与城市居民同样的标准偿付信息费用（如宽带费），则会因成本较高而使获得的效果具有很强的不确定性，使得信息化推进在农村举步维艰。

低成本信息化是由我国"三农"问题决定的。与工业信息化相比，农村不具备高度积累的资金、完备的公共基础设施以及业务标准和技术标准，更不具备先进的、成熟的管理模式。这就更增加了农村信息化的工作任务、难度和投入。当然，低成本信息化并不限于投入成本的绝对量，而是侧重于投入和产出的相对比较。提倡低成本，并不是说信息化投入多了，要降低今后的投入，甚至少投入、不投入，而是要优化投入，充分发挥投入的效益。低成本并不意味着低水平和低标准。相反，它需要高标准，更注重整体优化。

低成本信息技术是一项相对简单的任务，但它非常适合需求变化、价格便宜、易于掌握、易于升级的商业模式，现阶段是中国计算机化的最佳解决方案。低成本的计算机化技术系统是实现低成本的关键。信息技术发展及设备更新速度过快，可以储备知识、技能和人才，但是不能储备系统。需要整合技术路径上的优势、优化组合，并注意形成经济实惠的整体解决方案，不要一味追求高端产品，要量体裁衣。同时，在总体规划中，应遵循信息技术应用的一般准则，如技术路径、技术选择和标准化、开放性、可扩展性、可靠性、易于维护，以及集成、升级的可能性等。这样能实现低成本，而不是低级别和低水平。

(三) 使用培训问题

农村人力资源是经济社会全面发展的重要保障。农民智力发展问题是必须解决的问题，通过培训，农民将有能力使用先进的农业生产设备，学习先进的生产技术和科学的管理方法，生产更多的产品，减少劳动力消耗，提高劳动生产率。同时，通过对农民进行教育指导来提高农业生产效率。

目前农民培训存在如下问题：接受培训的农民人口基数大、底子薄；培训内容多、任务重；理论研究不够；对培训的重视不够；体系不够健全；培养供需脱节；缺乏长效机制；农民主动接受培训的次数很少；培训方法单一，培训经费来源很少，投入保障很薄弱；评估体系不健全，缺乏科学的评估机制；培训制度不完善，缺乏有效的监管等。

农民培训方法的创新有助于增强培训效果。培训方法一般分为正规培训和非正规培训两种。传统的农民培训方法主要是正规培训，即课堂培训。实践证明，这种方法效果一般，不能调动广大农民对培训的热情。除正规培训外，其他培训方法均可称为非正规培训，如田间地头交流、博览会、交流会、交易会、集贸市场、农村红白喜事现场、庙会、电视机、手机信息等创新型农民培训方法。灵活多样的创新型农民培训方法深受农民欢迎，其成本低、效果好，有利于推进农民培训工作。

创新训练方法，提高训练游戏的趣味性和可视直观性，提高训练效率，完善训练评价机制，提高训练管理水平。正规培训方法是不可或缺的,但是一些直观性强、适合农民文化层次及接受能力的非正规培训方法,则更为可取。因此,各地要注重对农村艺术节、物资交流座谈会和民俗风情的管理,丰富内容、提高质量,这样不仅可以提高农业科技成果的推广水平,而且能够使农民积极参与培训,接受新知识、新技能,培训成本低、培训效果更好。同时,手机和互联网的广泛应用为现代信息技术的培训提供了坚实的基础,而与这些技术相结合是适应当前农村实际的更好的培训方法。

(四) 信息资源与数据分析问题

1. 农业信息收集、信息处理比较落后

目前,农业信息标准化水平还很低,索引体系不完善,收集方法不科学,收集点不足,覆盖面不够。农业信息系统内各种信息收集渠道缺乏合理整合和规范,这影响了农业信息的准确性、权威性。此外,处理手段与传输工具落后,有些地方还缺乏先进的计算机网络手段,在信息处理方面仍停留在手工阶段;对所收集信息的分析加工能力不足,这些都会影响操作效率,降低信息的使用价值。

2. 农业信息资源缺乏整合,共享程度低

农业信息资源包括多种形式的农业信息,以及与农业信息的生产、收集、处理、传播、提供和使用有关的各种资源,主要类型包括农业自然资源信息和农业生产所需的社会经济信息。农业自然资源信息包括气候信息、土壤信息、水分信息、作物生长分布信息等自然方面的内容,为农业生产提供资源环境方面的信息支持。农业生产所需的社会经济信息包括农业产品市场信息、农业生产资料信息、农业科技资源信息、农业政策与管理信息及农业农村统计与社会经济信息等,它们为农业生产提供社会经济信息的支持。这些信息通常由多个部门管理,传统系统造成了信息碎片化，这些农业信息资源由于没有综合信息共享机制而在部门基础上被屏蔽，所以很多农业信息资源被浪费和闲置。综合信息、简单的堆叠信息、专业信息及定性和分析处理等信息，都不太实用，而真正用于指导农业生产、协助领导和农民对生产进行决策的实用性信息却较少。

3. 重采集、轻分析，信息标准化水平不高，直接利用率较低

目前，农业信息化的规范化程度低，农业信息标准化水平不高，缺乏完整的信息收集索引系统，加上信息收集方法不完善、收集系统不健全、信息收集点不足，一方面影响了收集工作的有效开展，另一方面缺乏权威性，而且也难以有效地传输收集到的信息。在实际工作中，太注重信息的采集工作，而疏忽了对采集到的信息的具体分析、加工，基层信息采集统计人员的工作只局限于一种简单的报表收集和初始数据汇总整理，而缺乏统计分析和综合服务能力，从而造成信息的直接利用率较低。

4. 农业信息资源存量偏低，信息供给不足，时效性差，且缺乏多样性

随着移动互联网技术向现代农业迈进，整个农业系统也将卷入信息化、实时化、快速化和高速化的浪潮，信息资源的丰富程度成为左右现代农业发展的关键。目前我国农业信息资源存量偏低，信息供给不足。另外，信息的实时性较差，基层信息资源处于低水平重复的较多，严重缺乏多样性。国内大多数农业信息资源的建设不能及时向农民提供信息，也不能向外界传递农业生产信息，大部分相关内容是地方领导鼓励地方农业的信息，缺少关于农业生产的气候、土壤、水分、作物生长分布等自然资源信息，以及国内外科技、政策、市场等信息。

(五) 信息安全问题

假消息、错误消息对农业产业的影响巨大。互联网的蓬勃发展使人们获取信息资源的途径多种多样，内容杂乱不一，其中就有很多假消息广为传播，导致相应农产品销售困难，给农民带来巨大损失。

信息污染是指在时效性与实用性社会信息流动中掺杂着许多过时、虚假伪劣的信息，以至于危害人们的信息环境，影响人们对有效信息的正常吸收、利用的社会现象，包括信息重复、信息阻塞、信息错位、信息干扰、信息无序、信息病毒等。当前涉农的信息污染主要是虚假信息、信息过载和信息失效等问题。

1. 虚假信息问题

经常见到一些有关农民生产、生活的虚假信息（包括假种子、假农药等）造成农民生产损害较大的新闻报道；还有一些虚假信息是利用农户对市场不了解而发布的诈骗信息。

2. 信息过载问题

信息过载问题是随着我国信息技术发展衍生而来的信息污染问题。因为现在的信息量巨大，各种信息的传播速度和传播量超过了农民能够承受的范围，使农户不能有效筛选和分辨有用信息。例如，有些农民可能每天接收各种农产品市场信息、养殖技术甚至各种药品推销广告。这些信息可能来自当地农技推广部门，他们出于帮助农民获取信息的角度，每天打包将各种信息推送给农民；也有可能来自掌握了农民信息的企业。过多的信息推送给农民自身造成了信息压力，从而形成信息污染。

3. 信息失效问题

信息失效包括两种形式：一是时效性已经错过，将已经过时的信息推送给农民，没有时效性价值；二是由于信息本身不具备价值，仅由大量转载、摘抄的没有针对性的内容堆积而成，因而无实际利用价值而引起信息失效。

第三节 数字农业的核心技术

物联网技术是数字农业的核心技术，物联网的信息感知技术、信息传输技术、信息处理技术是数字农业的主要支撑技术。

一、农业信息感知技术

农业信息感知技术是指利用农业传感器、RFID、条形码、GPS、RS等，随时随地收集和获取农业领域物体信息的技术。

（一）农业传感器技术

农业传感器技术是农业物联网的核心，农业传感器主要用于收集有关各种农业因素的信息，包括种植业的光、温度、水、肥料和气体等参数，有害气体含量、空气粉尘、水滴和气溶胶浓度、温度、湿度等环境指标，水产养殖中的溶解氧、pH值、氨、电导率、浊度等参数。

（二）RFID技术

RFID（radio frequency identification）是一种射频识别技术，也称为电磁标记，它利用射频信号通过空间耦合（替换磁场或电磁场）实现非接触式信息传输，并通过传输的信息实现对目标的自动识别。

（三）条形码技术

条形码技术是集条形码理论、光电技术、计算机技术、通信技术和条形码印刷技术于一体的自动识别技术。条形码技术广泛用于农产品的质量追溯。

（四）GPS技术

GPS（global positioning system）即全球定位系统，是指利用

卫星在全球范围内进行实时定位、导航的技术。利用该系统，用户可在全球范围内实现全天候、连续、实时的三维导航定位和测速；另外，利用该系统，用户还能进行高精度的时间传递和精密定位。全球定位系统技术在农业上对农业机械田间作业和管理具有导航作用。

(五) RS 技术

RS（remote sensing）技术利用高分辨率传感器，通过收集分布在地面上的作物的光谱反射或辐射信息，全面监测作物生长周期，并根据光谱信息进行空间位置分析，为处方农业批次提供大量的田间时空变化信息。RS 技术主要用于监测作物的生长、水分、营养和产量。

二、农业信息传输技术

农业信息传输技术是通过传感设备连接农业传输网络，并使用有线和无线通信网络随时随地进行高度可靠的信息交流和共享的技术。农业信息传输技术可分为无线传感器网络技术和移动通信技术。

(一) 无线传感器网络技术

无线传感器网络（wireless sensor networks，简称 WSN）是一种分布式传感网络，由部署在监测区域内大量的传感器节点组成，通过无线通信方式形成的一个网络系统，其目的是协作感知、采集和处理网络覆盖区域内被感知对象的信息，并发送给观察者。

无线传感器网络可实现农业环境数据采集、传输、处理与控制功能，相继应用到节水灌溉、水产监控、温室监控等农业管理领域，美国 Intel 公司在俄勒冈州应用了葡萄园环境监测系统，通过长时间记录葡萄生长过程中关键的日照、温度和湿度等环境因子，经过数据分析提取环境与葡萄关联关系，为葡萄生产提供信息支持；佛罗里达大学研发了基于无线通信的设施农业管理系统，管理人员通过计算机远程控制设施蔬菜生长。以上系统通常以温室为单元组建独立的无线传感器网络系统，多个温室通过不同网络分别监测和控制。

（二）移动通信技术

移动通信技术已经逐渐成为农业信息远距离传输的重要及关键技术。农业移动通信经历了3代的发展：模拟语音、数字语音以及数字语音和数据。目前，NB-IoT（narrow band internet of things）是IoT领域一项新兴的技术，支持低功耗设备在广域网的蜂窝数据连接，也被叫作低功耗广域（LPWAN），通过NB-IoT智慧设备实时将数据通过NB-IoT网络主动传输至云平台，根据海量设备提供的高精度、大规模的动态监测数据，实现高效的管理与调度，降低管理成本，有效提升服务的质量与效率。

三、农业信息处理技术

农业信息处理技术以农业信息知识为基础，利用各种智能计算方法和手段向对象提供具体信息，主动或被动地与用户沟通，是物联网的核心技术之一。农业信息处理技术包括农业预测预警、农业智能控制、农业智能决策、农业诊断推理和农业视觉处理。

（一）农业预测预警

农业预测以土壤、环境、气象数据、作物或动物生长、农业生产条件、化肥、农药、饲料、航空照片或卫星图像、基于经济理论的实际农业数据及未来发展的研究目标、人类和数学模型为依据，猜测和估计可能性。农业预警是指衡量未来的农业条件，预测时间和空间的范围及对不准确条件的损害程度，并提出预防措施。

（二）农业智能控制

农业智能控制是指利用农业控制领域的限制，整合人工智能、网络学、系统理论、操作研究、信息理论等多种学科，实现特定控制系统的性能指标最大化或最小化控制。

（三）农业智能决策

农业智能决策是智能决策支持系统在农业部门的具体应用，将知识、数据、业务流程和其他内容集成到人工智能系统、商业智能系统、决策支持系统、农业知识管理系统、农业专家系统和农业管理信息系统中。

（四）农业诊断推理

农业诊断是指农业专家根据对象所表现出的特征信息，采用一定的诊断方法对其进行识别，以判定客体是否处于健康状态，找出相应原因并提出改变状态或预防发生的办法，从而对客体状态做出合乎客观实际结论的过程。农业诊断推理是指利用数学表达和知识表达方法的功能描述来构建基于"症状—疾病—原因"的因果和网络诊断推理模型。

（五）农业视觉处理

农业视觉处理是指利用图像处理技术处理采集的农业场景图像，实现对农业场景目标的识别和理解。视觉信息包括亮度、形状、颜色、纹理等。

第四节 数字农业的应用场景

一、农业生产数字化

（一）种业数字化

种业数字化是指通过大数据、人工智能、物联网、智能装备等在种业全产业链的应用，实现育种科研、制种繁种、生产加工、营销服务和监督管理服务的多场景信息化，品种创新数字化，生产经营智能化和产业体系生态化。

种业数字化主要体现在以下4个方面。一是实现田间性状数据移动采集、实时传输、自动汇总，提高采集的规范性和准确性。二是做到各个育种环节的业务数据高效无缝对接。三是制定统一的作物育种性状数据采集标准，为育种大数据资源建设提供基础保障。四是育种全程信息化管控，有利于全面掌握研发能力、研发规模和研发进度，做到精准施策，大幅提升管理效率。

【案例链接】

垦丰种业：数字化赋能农作物品种创新

近年来，北大荒垦丰种业股份有限公司通过数字化手段，打造以商业化育种为核心的研发创新体系、以全程质量控制为核心的生产加工体系、以全方位终端服务为核心的市场营销体系和支持与服务型总部的"3+1"体系。垦丰种业采用金种子育种平台赋能商业化育种技术体系的升级，取得了5个方面的成效。包括提高采集的规范性和准确性，育种软件与小区精量播种机、收获机、考种设备实现数据在线互通，制定并落地实施了统一的作物育种性状数据采集等企业标准、标准化的试验设计和数据分析方法、育种全程信息化管控等。

(二) 种植业数字化

种植业数字化是数字技术在农作物种植各个环节的应用，通过获取、记录农业生产经营各个环节的数据，计算分析得出应对方案，为种植业各个环节的流程提供智能决策，以提高生产效率。

种植业数字化主要体现在以下3个方面。

一是在线监测农作物生长信息，并根据农作物生长需要自动调控设施环境，开展灌溉、施肥、防病、除虫、除草等自动化生产管理,降低生产成本。

二是配备标准化、智能化的病虫害监测设备,重点布置自动识别虫情测报灯、自动计数害虫性诱捕器、流行性病害自动监测预报器等,实现病虫监测数据的自动化采集。

三是获得农作物生长过程中的墒情、气象信息、生长情况等实时监测数据,并基于算法分析,得到农作物的全周期生长曲线,及时获得预警信息和生产管理指导建议。

【案例链接】

种田"散户"变身种田"大户"的秘密

麦穗逐渐饱满,田野里泛起清香,柔暖的风吹起,一派生机盎然。田野中间和边缘,分布了一些白色的带有太阳能吸收光板的杆子和一些具有 LED 数字显示的设备,还有不少喷淋设备,它们是江苏省无锡市锡山区东港镇港南村引进的智慧农业田间管理系统的部分设备。"合作社探索大田的数字化种植模式,我们精选种子,种养全过程全流程可控可溯源,每一步都是标准动作!"2019 年,随着港南村开始建设高标准农田,原来只有 5 亩承包地的"散户"王正平开启集约化种田的新跨越。近两年,他在港南村和周家阁村承包了近 2 000 亩农田,成为真正的种田"大户"。

数字化种田让这位昔日"老把式"感受到了实实在在的效率变革,"我自己操纵大疆无人植保机撒药,一天能匀整覆盖五六百亩地,之前农忙时请三四名熟练工一天只能打药 80 亩,真的轻松不少!"

在他的大田农场,农业环境物联网监控、病虫害防治与研究、气象灾害预警以及灌溉用运河水水质监测信息通过村里的智慧平台就能全盘掌握。他的手机安装了相关 App,动动手指就能控制水利灌溉；他个人申请的源锡农村专业合作社投资了专门的大型烘干设备，"即便遇到收获季连日下雨也不怕了，真的能实现旱涝保收！"每天还是习惯到田野里看一看的王正平对今年的粮食丰收充满信心。据悉，去年秋季，他种植的新品水稻使用缓释肥、生物肥，全部高产丰收，亩产1 100多斤的食味稻米每斤收购价至少增加0.3元，亩均效益提高300~400元，品质稻米带来的增收效益相当可观。

（三）林草数字化

林草数字化是利用遥感、地理信息系统和全球定位系统等数字技术，经过大数据分析，对森林草原火灾、有害生物等进行预测，提升灾害防控监管和灾害应急快速反应能力。

林草数字化主要体现在以下3个方面。

一是打造以森林资源"一张图"、草原资源"一张图"为基础的经营、管理、监测一体化的监管体系，实现林草生态全面感知、风险预警可控、林地动态监管、物种实时保护。

二是通过对林场相关数据的采集和分析，实现防火、防病虫害、防盗猎、生态效益实时监测及古树名木管理等功能，提高林场对森林资源的管护能力，实现林场的可持续经营。

三是对林草业基地进行数字化改造，通过木材加工、营销等环节的数字化，提升林草业的生产经营水平。

【案例链接】

黑龙江构建林草防火预警监测体系

黑龙江省近年来不断加大资金投入，加快林草数字化建设，逐步形成林火卫星监测系统、高空林草视频监测系统、地面物候监测系统、林草防火通信保障系统"四位一体"森林草原防火预警监测体系。

第二章 数字农业

黑龙江省利用智慧林火卫星监测平台，对全省范围内森林草原资源实现全时段火情监测，每天监测频率300次以上，监测到最小火场面积为14平方米。全省在防火重点区域铁塔、瞭望塔等高点建设双光谱高清云台视频监测系统，通过烟感、热感快速发现并锁定火源。对铁路旁、公路旁、乡村旁、农田旁、进山卡口等农林交错、人为活动频繁的特殊地段进行视频监测，强化预警能力。在重点火险区建成22处物候监测站，每5分钟实时传输监测数据，为森林草原防灭火提供精准物候监测层面防火预警报告。全省构建了常规、有线、超短波、卫星电话、视频会议"五网"覆盖的火灾应急通信体系，坚决守住不发生重特大森林草原火灾的底线。

（四）畜牧业数字化

畜牧业数字化是综合运用现代信息技术和智能装备技术，将畜牧养殖管理和技术数字化，利用互联网平台，实现畜牧养殖数字化、智能化管理，推动畜牧养殖由传统的粗放型向知识型、技术型转变。

畜牧业数字化主要体现在以下3个方面。

一是对规模化养殖场进行疾病监测和疫病传播跟踪，提高动物疫病防控能力与处置效率。

二是建立动物电子免疫档案，实现动物疫病强制免疫信息化管理。

二是对畜牧养殖过程进行全程监控，实现要素合理调配、养殖条件优化，提高监管能力，提升产品品质。

【案例链接】

重庆市荣昌区：打造国家级生猪大数据中心

重庆市荣昌区拥有全国首个农牧特色国家高新区，是国家现代农业示范区、国家现代畜牧业示范区核心区。近年来，荣昌区着力构建以生猪大数据为关键要素的农牧数字经济,打造国家级重庆(荣昌)生猪大数据中心,充分调动生猪全产业链数据资源,引导调节生猪市场运行,维持生猪市场产供销平衡,助推生猪产业数字化发展。

国家级重庆(荣昌)生猪大数据中心打造"荣易管""荣易养""荣易买""荣易卖"等创新平台,利用区块链技术实现猪肉产品全程溯源,确保生猪养殖、贩运、屠宰"一站式"实时监管,有效解决生猪交易链条过长、公平缺失、质量难溯、成本难降等一系列问题。

一是助力精准监管。研发全国首个生猪数字监管平台"荣易管"。基于检疫出证业务流程和实名管理,关联免疫、检疫、贩运、屠宰、保险等环节动态数据,通过大数据分析,对各环节市场主体、监管主体行为进行痕迹化管理,提高市场调控和疫病防控能力。建设重庆市生猪监管电子签章平台,统一对生猪防疫检疫等证明文件签署进行管控;开发生猪产品溯源系统"荣易买"平台,按先后顺序将养殖到销售每个环节信息存证在区块链上,实现人、物、信息相互印证,不可篡改,一猪一生一码,保障食品安全。

二是提升生产水平。搭建智慧养殖管理系统"荣易养",通过赋予示范场远程监控、精准饲喂、环境控制等设备,实时监控分析生猪活动行径和健康状态,提高养殖效率、减少死亡风险。推动生猪大数据应用、模型算法、资源管理、共享交换平台等系统建设,以全链条数据共享模式大幅降低散养户养殖信息流转成本,将需求更加直接地反馈到生产端,缓解产销对接信息不对称问题,引导散养户实现不同规模、模式的品牌化、差异化发展。

三是优化产业调控。一体化打造国家级生猪大数据中心和国家级生猪交易市场平台"荣易卖",围绕生猪活体、白条、肉制品交易三大核心业务,创新开展自营、撮合、联营等多种交易模式，实现生猪活体线上交易+线下交收。联合川渝农业农村部门编制川渝能繁母猪存栏指数，提供生猪价格"晴雨表"，用数据提高生猪产业宏观调控的科学性。

截至2021年7月，国家级重庆（荣昌）生猪大数据中心已成功接入全国200个农贸市场、622个种猪场和全国进出口贸易涉猪数据，构建起覆盖全国各区域、产业全链条的多维度数据采集体系；全面收录15 000余户生猪养殖户、212名动物防疫和检疫人员、210个生猪贩运主体和16家屠宰企业信息，实现18.5万头生猪全链条"一站式"实时监管；成功打造生猪全链条、全过程溯源的地方品牌；逐步形成生猪养殖的荣昌示范。

三是记录全环节畜牧养殖流转信息，形成环环相扣的信息链条，有效防范不法分子违规开具检疫证明、违规调运等行为。

四是数字牧场（养殖场）建设。通过对牧场（养殖场）全场设备数字化和网络化控制，收集环境指标、饲料消耗、环保指标等关键传感数据，实现畜禽养殖全过程的数据采集、数据分析、过程优化、智能控制和信息追溯，通过精细化养殖，提升效益。畜禽养殖主体建设智慧牧场管理系统，集成环境智能调控、精准饲喂、疫病防控、产品智能收集等设施设备，实现养殖全过程的统一集成管理与智能化控制，降低生产成本、提高养殖效率。

【案例链接】

山东省高青县：打造全链条数字化黑牛示范园区

畜牧业是高青县的特色优势产业，2003年高青县培育出第一代"高青黑牛"，经过10多年改良，高青黑牛已成为国内知名的高端肉牛新种质，获国家地理标志商标，是山东省首批特色农产品优势产业区，高青县紧抓入选国家数字乡村试点县机遇，以数字畜牧为主攻方向，以工业化的思维，以数字赋能推动畜牧业高质量发展，全力打造智慧畜牧富民产业。

一是完善政策支持体系，优化数字畜牧业发展生态。出台了《关于做大做强现代数字农业打造乡村振兴齐鲁样板示范县的实施意见》《关于支持高青黑牛产业加快发展的意见》等政策，建立健全政府引导、市场主导、社会参与的协同推进机制。

二是搭建平台载体，创新数字服务新模式。打造全要素"数据库"，开发一系列终端应用程序，为每头高青黑牛佩戴电子耳标、定位项圈等物联网设备，综合形成厦盖高青黑牛养殖、屠宰、加工销售、社会服务的信息化服务平台。畅通信息"共享流"，完善信息共建共享体系，将产业链中450余个关联主体接入终端系统，协同配合，进一步提升政务服务与社会化服务的效率与质量。构筑精准服务"新场景"，拓展终端应用场景，把系统数据作为优惠政策落实的支撑，实现优惠政策"一键直达"。

三是丰富数字经济业态，丰富产销衔接新业态。打通供应链，建设优质畜产品直采生产基地。对接电商平台，畅通销售链，积极打造线上线下相融合的新零售体系，在线下销售基础上，与电商平台合作，实现优质畜产品"上云触网"。强化品质管控，疏通追溯链，利用追溯体系和数字监控平台，提升从生产到餐桌的全流程数字化溯源服务水平，保障畜产品优质优价。

数字赋能高青黑牛产业进入快速发展阶段，建设全链条数字化黑牛示范园区。2020年，已实现全县19个牧场的黑牛养殖数据的实时可视化分析、监测及预警，高青黑牛产值超10亿元，龙头企业借助电商平台，产品48小时内直达24个国内一线城市近270家门店，销售额同比增长300%。全县5千余户农民直接从事高青黑牛养殖，辐射周边2万余户农民从事饲草种植及配套服务，人均年增收超5 000元。

(五)渔业渔政数字化

渔业渔政数字化综合应用现代信息技术,深入开发和利用渔业信息资源,促进渔业生产过程与监督管理的智能化和信息化,提升渔业生产和渔业管理决策的能力与水平,是加快渔业转型升级的重要手段和有效途径。

渔业渔政数字化主要体现在以下 3 个方面。

一是养殖户通过信息终端随时了解养殖环境的实时数据、水产品的生长情况、养殖车间的现场状况及设备装置的运行状态,实现对水体管理、环境调控、饵料投喂、放养密度、病害防控等养殖生产环节的精准把控。

二是对渔业生产过程中产生的大量数据进行处理和分析,提供船位数据分析服务、国内渔业捕捞服务、远洋渔业服务、渔港服务、养殖管理和服务、水产品供应服务,为渔业生产提供辅助决策,提高渔业综合生产力。

三是数字渔场建设。利用物联网、大数据、人工智能等现代信息技术,面向陆基工厂化养殖、池塘养殖、深水网箱养殖和海洋牧场养殖等不同场景,集成应用水体环境实时监控、饵料自动精准投喂、水产类病害监测预警、循环水装备控制、网箱升降控制等技术装备,建设智慧水产养殖管理平台,实现渔场水产品生长情况监测、疫情灾情监测预警及养殖渔情精准服务等功能,提高水产养殖效益。

(1)陆基工厂化养殖。安装面向水质监测、养殖现场及水产品的视频采集等业务的物联网感知与传输装置以及养殖环境调控、饵料投饲、养殖用水处理、出池分选等自动化设备,养殖户通过信息终端随时了解养殖环境的实时数据、水产品的生长情况、养殖车间的现场状况以及设备装置的运行状态,并利用智慧管理平台的养殖决策信息对现场设备进行远程控制,实现针对水体管理、环境调控、饵料投喂、放养密度、病害防控等养殖生产精准把控。配置水质检测、品质与药残检测、病害检测等设备,构建鱼病远程诊断系统和质量安全可追溯系统。

（2）池塘养殖。安装面向水质监测、视频采集等业务的物联网感知与传输装置以及增氧、投饵等自动化设备,养殖户通过信息终端随时了解鱼塘水质的变化情况、设备装置的运行状态、鱼塘现场的实时状况,并利用智慧管理平台的养殖决策信息对现场设备进行远程控制,提升池塘养殖管理水平。

（3）深水网箱养殖。集成网衣自动提升、自动投饵、水下监测、网衣清洗、成鱼回收等自动化装备,搭载大数据科学监测设备,通过传感器、水下摄像头等数据采集设备,实时采集水质、水文等监测数据和鱼类活动视频等数据,减少和避免大规模病害的发生,提高水产苗种存活率。

（4）海洋牧场。建设综合型海洋牧场,以人工鱼礁、海藻场为养殖载体,综合应用生境改造、智能网箱等先进技术和装备,建立集监测、分析、控制、决策于一体的智能化平台,养殖人员可通过信息终端直接遥控网箱的运转,实现自动水下照明、投喂、增氧和水下实时监控等功能。

【案例链接】

山东省烟台市长岛海洋生态文明综合试验区：
打造现代化海洋牧场示范区

现代化海洋牧场是在坚持绿色发展理念前提下,将海洋新技术、新产业、新模式充分聚集的现代化渔业综合体。海洋牧场改变了以往以单纯捕捞、设施养殖为主的渔业生产方式,有效保护和恢复海洋生态系统,实现渔业的可持续发展。长岛是全国最早开展海洋牧场建设的地区之一,全区现有省级以上海洋牧场12

第二章 数字农业

处,其中,国家级6处、省级6处,海洋牧场总面积达到34.9万亩。

一是推动产业向绿色化方向发展。在海洋牧场建设中,始终把环境承载力作为硬约束,腾退、拆除近岸筏式养殖区1.77万亩,投入财政资金近1亿元,推进养殖环保浮球、海水池塘和工厂化养殖升级改造等工作。

二是推动产业向规模化方向发展。示范推广"海工+牧场""陆海接力""大渔带小渔"3种模式,将全区水产种业、海水增养殖业、海工装备、水产品精深加工等多家大型龙头企业纳入雁阵型集群,推动现代化海洋牧场建设全产业链融合发展。

三是推动产业向工程化方向发展。一方面,支持和保障"百箱计划"首批4座智能网箱年内建设完成;另一方面,协助相关企业先后通过参股、项目合作等形式与海洋牧场展开合作,实现优势互补、互利共赢。全区共建成海洋牧场平台5座、深水智能大网箱8座,通过多年发展,长岛现代海洋牧场建设初具规模,装备化、信息化、规模化水平率先走在了省市前列。

四是推动产业向智慧化方向发展。搭建海洋综合管理大数据平台,用好信息化手段,打造"智慧牧场"。实施6个海洋牧场观测网项目,完善海洋生态环境在线监测、海洋牧场观测和海洋经济运行监测网络,将5G技术与海洋牧场装备深度融合,实现养殖数据实时传输,基本实现海洋牧场水下作业可视、可测、可控、可预警。

海洋牧场建设明显改善了局部海域生态环境,牧场生物多样性大大提高。全区海洋牧场示范区投礁规模突破130万空方,增殖放流恋礁型鱼苗3 000余万尾,重点海洋牧场区域渔业资源得到明显改善。2020年,全区近岸海域水质优良比例达到100%。"大渔带小渔"模式为渔业发展开辟了新道路,全区渔民合作社快速发展,总数达到49家,辐射带动3 600多户渔民实现了共同致富。以海洋牧场为载体的新型"渔家乐",进一步拉长了海上休闲旅游产业链,年接待游客超过300万人次,成为渔民增收新亮点。

二、农产品加工智能化

农产品加工智能化:利用物联网技术和设备监控技术,配备作业机器人、智能化电子识别和数字监测设备,建设农产品加工智能车间;建立果蔬产品包装智能分级分拣装置,实现果蔬产品的包装智能分级分拣;利用智能管理软件系统,实时准确地采集生产线数据,合理编排生产计划,实时掌控作业进度、质量与安全风险。

农产品加工智能化主要体现在以下3个方面。

一是加大产后烘干、储藏、保鲜等能力建设,有效减少农产品产后损失,提高防灾抗灾的能力,减损提质,保障农产品有效供给。

二是提高农产品精深加工效率,减少后续加工难度及成本,增值富农,提升农产品价值产业链。

三是以生产机械化来解决劳动力日益短缺的问题,省工节本,保障优势特色产业可持续发展。

三、特色产业数字化监测

特色产业数字化监测:利用物联网、大数据、区块链等现代信息技术,围绕乡村特色产业全产业链,采集生产基地、加工流通、品牌打造等方面的基础数据,实现特色产业监测指标与基础数据的直接对接。通过研究建立特色产业全产业链指标体系,建立乡村特色产业可信指数,实现乡村特色产业指标评价和指数化

第二章 数字农业

表达。

特色产业数字化监测主要体现在以下两个方面。

一是通过数据汇聚及可视化分析,实现特色产业画像及全国乡村特色产业"一张图"呈现,为乡村特色产业发展提供数据支撑与决策支持服务。

二是及时发布特色产业运行情况,宣传特色产业建设成果。

【案例链接】

广西壮族自治区横州市:构建"数字茉莉"大平台打造产业经济新引擎

横县于 2021 年 7 月 29 日正式揭牌更名为横州市。横州市是世界茉莉花都、中国茉莉之乡,以茉莉花产业为主导的优势产业,拥有 40 多年发展史,目前,种植面积超过 12 万亩,花农 33 万余人,茉莉花和茉莉花茶产量均占全国总产量 80% 以上,占世界总产量 60% 以上。以茉莉花为主导产业的横州市现代农业产业园在 2019 年通过国家现代农业产业园验收。近年来,横州市重点推进茉莉花全产业链信息化建设,打造"数字茉莉"大数据平台,以数字赋能助力乡村振兴、带动农业增效农民增收。

一是打造"数字茉莉"大棚,以物联网技术实现源头把控,升级供给侧安全体系。开展横州市现代农业产业园茉莉花生产数字化试点建设,自主投资 370 万元,建设 20 亩数字茉莉大棚,在种植环节利用物联网和大数据技术进行智能光照、温湿控制、自动灌溉、自动施肥,通过智慧种植实现单产提高、降低成本和质量安全。

二是打造"数字茉莉"交易平台。与银行合作建设"数字茉莉"交易平台,通过配套电子秤大数据分析实现实时到账、记录交易、信用贷款和发布交易指导价,实现交易环节更公正、更便捷、可溯源、可监督。

三是延伸"数字茉莉"供需系统的研发，以工业智能提升附加值，升级全产业加工体系。本地龙头企业通过"数字茉莉"平台发布供应信息，花农接单按品质要求种植管理采摘，逐步实现订单种植。通过大数据分析帮助企业精准预测市场、计算产能、成本和利润空间等，实现产品差异定价，以市场倒逼企业延伸产业链。横州市龙头企业逐步开发出茉莉精油、茉莉康养、茉莉文创、茉莉香米等高附加值产品。

四是推进大数据平台建设，以平台搭建加快产业融合，升级现代化服务体系。强化科技创新，组建茉莉花产业研究院，打造茉莉花专家智库，提升整体行业核心竞争力。强化电商物流支撑，以创建全国电子商务进农村示范县为契机，构建智能物流体系，降低物流成本，增强农产品上行力度。

通过数字化赋能，横州市茉莉花种植、生产、销售全产业链实现高质量发展，农村数字经济新动能形成，茉莉花现代农业产业高歌猛进。2020 年，横州市茉莉花（茶）产业综合年产值突破 125 亿元大关，综合品牌价值达到 206.85 亿元，是广西最具价值的农产品品牌。科技项目获得国家知识产权局受理相关发明专利 13 项、授权实用新型专利 5 项。2021 年 3 月 1 日，《中欧地理标志协定》正式生效，横州市茉莉花茶获欧盟官方认证，国际市场影响力和竞争力进一步提升。

四、农产品市场数字化监测

农产品市场数字化监测：利用自动定位匹配采集、信息智能识别与数据规则验证等信息技术，通过信息采集设备和信息采集系统，依据信息采集标准规范，对农产品交易地点、价格、交易量等多维度信息进行实时采集，并进行大数据分析，实现对农产

第二章 数字农业

品价格及变化趋势的监测预警。

农产品市场数字化监测主要体现在利用 App、微信公众号及时发布热点品种的市场供需和价格信息，为市场监管主体、农业生产经营主体和消费者提供决策依据。

五、农产品质量安全追溯

农产品质量安全追溯是指运用信息化的方式，跟踪记录生产经营主体、生产过程和农产品流向等农产品质量安全信息，以满足监管和公众查询需要。

农产品质量安全追溯主要体现在以下两个方面。

一是规范企业生产经营活动，实现农产品来源可追溯、流向可跟踪、风险可预警、产品可召回、责任可追究，有效促进农业绿色生产。

二是有效保障公众消费安全，当发生农产品质量问题时，可有效追查，提高检查部门的效率，同时保障消费者权益。

【案例链接】

山西省隰县：打造"追溯+产业"新模式

隰县是农业农村部划定的黄土高原优势梨果产业区。梨果产业发展是隰县经济发展的支柱，隰县人民政府为了大力发展玉露香梨产业，于2015年建立玉露香梨溯源体系，保障玉露香梨的质量安全；于2016年搭建全国首个县域农业云服务平台，打造数字农业；于2019年以创建隰县国家现代农业产业园为契机，建立隰县梨果产业数字化体系，让数字为产业赋能，助力乡村振兴。

隰县人民政府构建了"来源可查、去向可追、责任可究"的玉露香梨追溯体系，实现产品溯源、质量监管、公众查询等功能，促进全县玉露香梨统一品质、统一标准、统一防控。

一是实施"三化"管理，实现全产业链信息化监管。全面梳理隰县玉露香梨产业的质量控制标准，规范追溯信息采集、录入、多级监管流程，根据隰县具体管理特点，制定配套管理制度，实施生产标准化、流程规范化、管理制度化，实现全产业链信息化监管。

二是建设质量溯源监管平台，保障质量安全。搭建隰县玉露香梨质量溯源监管平台，采集栽培过程中的关键节点信息、农资投入信息、相应的检测信息等，落实全过程监管，综合建成质量安全追溯监管系统，从而形成隰县玉露香梨的质量安全追溯信息平台，保障隰县玉露香梨质量安全。

三是统一"隰县玉露香梨"品牌标识，严格准入准出。以"隰县玉露香梨"区域公用品牌标识为载体建设品牌体系，对"隰县玉露香梨"品牌防伪追溯标识统一管理，完善防伪追溯标识申请与发放管理机制，做到品牌标识数量可控制，严格品牌管理。

四是推行"一品一码"，实现放心消费。每个玉露香梨粘贴果标，每个包装盒粘贴箱标，消费者可通过手机"扫一扫"功能查询产品的生产流通过程信息、检测报告等。

截至2021年4月，隰县已完成2 948家农户、108家农民合作社、15家企业等主体的生产档案全过程数字化，覆盖生产主体基本信息、施肥、病虫害防治、花果管理、采摘等全过程。开展供应链及追溯管控，已累计发放1.2亿枚隰县玉露香梨专属二维码，质量追溯覆盖率达100%，推进隰县玉露香梨品牌认知度和产品品质大幅提升。

第三章 农村电商

第一节 农村电商概述

一、农村电商的概念

农村电商一般是指利用互联网（包括移动互联网），通过计算机、移动终端等设备，采用多媒体、自媒体等现代信息技术，涉农领域的生产经营主体在网上完成产品或服务的销售、购买和电子支付等业务交易的过程，涵盖对接电商平台、建立电商基础设施、进行电商知识培训、搭建电商服务体系、出台电商支撑政策等。

从概念可以看出，农村电商是围绕农产品（加工品）进城和消费品下乡开展的电子化交易和管理活动，是电子商务在农村的延伸和深度应用。农村电商包含4个方面的基本要素，即信息流、资金流、物流配送和安全支付体系。

对于农村来说，农村电商是新时期依托互联网技术发展起来的一种全新的商品交易方式，主要解决农产品生产、流通、销售、安全等关键问题，能缩小城乡之间的信息鸿沟，促进农村地区快速发展。

二、农村电商的特征

随着我国经济水平的提升，互联网飞速发展，新农村基础设施建设进一步完善，我国大部分地区的农民都能接触到网络，政府为农村电商基础设施建设提供了强大的政策支持；一些大的电商平台也响应国家号召，纷纷开展了农村电商发展项目。我国农村电商有以下特征。

（一）直接性

农村电商利用互联网的优势，直接将生产者、销售者、消费者联合在一起，是农业产业化经营的"助推器"和"黏合剂"，可以有效解决农业生产、农用物资采购、农产品营销和服务网络等方面存在的问题，形成由物流、商流、信息流、资金流等组成的全新流通体系。生产者、销售者、消费者三者之间沟通便捷，农产品和服务相关信息传递到消费者、货物从生产者销售到消费者手中所用时间极短，促进了农产品的流通。例如，农村电商通过互联网，将海南的椰子直接销售到东北消费者手中。

（二）低成本

农村电商利用网络带来的便利性降低运营成本。

首先，农村生产和管理成本很低，并且国家对农村经济有扶持。电商企业经营的成本也较低，只需要一些平台推广费用。消费者购买成本较低，足不出户就能购买到好的产品。

其次，在过去，一笔交易的形成往往伴随着许多交易部门的参与和促成，交易的完成是许多交易部门共同促成的结果，交易成本较大。农村电商这一无形的超级大市场可促使农村的中小企业减少库存积压、降低库存成本，还可以通过电子商务实行网上销售，直接减少交易成本。

最后，农村电商可以实现农业的规模化、集约化生产，从而降低生产成本，同时，通过网络营销可以推动"订单农业"模式的形成，在一定程度上解决供需不匹配的问题，避免了生产中的浪费。

(三) 集群效应

与传统的企业发展模式不同,农村电商发展的集群效应明显,发展的结果不是单一的公司壮大,而是整个村、镇的集群效应,例如"堰下村""东风村""东高庄村"等淘宝村。在农村,往往是一两个主体先尝试,成功之后,被不断地仿制和传播,这既有背靠共同的区位优势的原因,也与中国农村特有的文化、传统有关——信息极易扩散。这种密集的同质性的商务活动的集中,一方面会引发一定的竞争,同时也极易形成共同的联盟和完整的产业链条,如沙集镇已经成立了电子商务协会,并形成了网店、家具生产厂、板材加工厂、家具配件店、网店专业服务商和物流快递公司等相对完善的配套体系。

(四) 可扩展性

虽然农村中小企业运用电子商务技术是一个循序渐进的过程,但各企业电子商务必须随着客户需求的变化而变化,随着企业业务需求的发展,以及市场环境和管理环境的变化而进行扩展或调整,要本着一切为客户考虑的原则,以提高客户的满意度为终极目标,给电子商务的交易留有足够的余地和空间,便于随时随地伸缩延展。

(五) 不均衡性

农村电商仍处于成长阶段且发展不均衡。总体来说,我国的农村电商仍处于成长期,东部地区农村电商发展已初具规模,而西部地区农村电商的发展仍处于起步阶段。在偏远山区,互联网的覆盖面小,物流基础设施依然薄弱,导致其农村电商的发展仍存在很大困难。

三、健全农村电子商务体系

(一) 农村电商公共服务体系建设

完善农村电子商务公共服务体系。立足农副、手工、民俗、乡村旅游等特色产业，统筹加工、包装、品控、营销、金融、物流等服务，加强品牌和标准建设，拓宽农产品销售渠道。整合邮政、供销、快递、金融、政务等资源，拓展农村电商站点代买代卖、小额存取、信息咨询、职业介绍等便民服务功能，鼓励多站合一、服务共享，增强便民综合服务能力。

（二）农村现代商贸流通体系建设

推动农村商贸流通企业转型升级。支持邮政、供销、农村传统商贸流通企业运用大数据、云计算、移动互联网等现代信息技术，加快数字化、连锁化转型升级，实现线上线下融合发展；支持有实力的电商、邮政、快递和连锁流通企业向农村下沉供应链，为农村中小企业和零售网点等提供集中采购、统一配送、库存管理等服务，弥补农村市场缺位和基础短板，打造适应本地消费需求的现代流通服务体系。

（三）农村电商人才培训体系建设

在商务部、中央网信办、发展改革委发布的《"十四五"电子商务发展规划》中，明确提出要"梯度发展电子商务人才市场"，进一步强化"政、产、学、研、用、培"六位一体人才培养模式，鼓励平台、企业与院校联动，开展线上线下融合、多层次、多梯度的电子商务培训，加强复合型人才供给。通过政策引导、创新创业带动，加大中西部、地市县及农村电子商务人才市场培育，强化电商人才创业培育孵化、就业供需对接等服务。完善电子商务职业分类，探索开发职业标准和开展能力评价，营造积极的人才政策环境，鼓励发展灵活多样的人才使用和就业方式，加强灵活就业人员的权益保障。进一步提升电子商务发达城市的人才层次，发挥电子商务龙头企业作用，提高对全球电子商务科技研发及高端管理人才的吸引能力。通过完善电子商务人才培养体系，建立多元联动的电子商务人才培养机制，培养高质量的电子商务人才,到 2025 年,实现电子商务相关从业人数 7 000 万人,为"十四五"时期电子商务产业高质量发展保驾护航。

(四) 农村电商三级物流配送体系建设

健全县乡村三级物流配送体系。支持邮政、快递、物流、商贸流通等企业开展市场化合作,发展农村物流共同配送,在整合县域电商快递基础上,搭载日用消费品、农资下乡和农产品进城双向配送服务,推动物流统仓共配,降低物流成本。支持建设和改造县级物流配送中心、乡镇快递物流站点,提高自动化和信息化水平,辐射周边乡村。

【案例链接】

江苏省丰县:深耕农村电子商务,助推农民增收致富

近年来,丰县抢抓电子商务发展战略机遇,依托良好的生态环境和产业优势,把以农产品销售为主要内容的电子商务作为战略性新兴产业来打造,实现互联网与传统产业的融合,初步形成了独具特色的电子商务发展"丰县模式",丰县被评为全国电子商务进农村综合示范县、全国县域数字农业农村发展先进县、国家数字乡村试点县、全国"互联网+"农产品出村进城工程试点县、省首批农村物流示范县,成功承办 2020 江苏数字乡村发展论坛暨江苏淘宝村峰会,经验做法得到上级领导的充分肯定和社会各界的高度赞扬。

做好配套服务。成立了"丰县电子商务发展工作领导小组",全面推进平台、人才、金融等方面的政策制定和指导工作。制定出台了《关于加快丰县农村电子商务产业发展的实施意见》等政策和文件,设立了 2 000 万元的电子商务发展专项资金,用于电子商务产业的扶持、培训及服务平台支撑体系建设。

突出孵化培育。全县从事农副产品销售的微商人员 13 580

人。2020年全县电子商务农副产品销售额36.8亿元，同比增长26.8%。

健全培训体系。以农村青年致富带头人、大学生村官、返乡创业大学生与农民工、未就业青年等群体和农村经济困难家庭青年为重点，制定了电子商务培训工作计划，为全县电子商务发展培养各类实战人才。

加强品牌建设。借助阿里巴巴"春蕾计划"，开展"丰县牛蒡"天猫正宗原产地推广活动，通过原产地溯源直播、县长直播带货等多种营销方式，打造"丰县牛蒡"区域品牌影响力，全网曝光量1.2亿次。携手京东建立京东农场在江苏省的第一个林果类合作基地——丰县苹果基地，累计通过"京品源生鲜旗舰店"销售丰县红富士苹果30万箱。

2020年，丰县红富士苹果、白酥梨、山药、牛蒡、芦笋、黄皮洋葱等20多个特色农产品通过网络销售30多万吨，其中，苹果销售15万吨，占丰县苹果产量的1/3以上，农产品网销额占全县农产品总产值的12%。

第二节 三大电商平台

一、淘宝平台

（一）淘宝平台介绍

淘宝网是由阿里巴巴集团在2003年5月创立的。淘宝网主要功能是为用户提供在线零售服务以及包括C2C、团购、分销、拍卖等多种电子商务模式在内的电商平台服务。淘宝商城整合了众多家品牌商、生产商，为商家和消费者之间提供一站式解决方案。

（二）淘宝平台适销的农村电商商品

淘宝平台经营的农村电商商品，要符合平台全国性、多样性消费人群的特征，从产品上行的角度，常见的有初级农产品类、加工农产品类、农村经济产业带产品。个人和企业可在淘宝平台开通符合条件的店铺。

初级农产品类：指初级产业产出的未加工或只经过初加工的农、林、牧、渔、矿等产品。例如：食用菌；工序初制的茶、瓜、果、蔬菜；花卉、苗木；牛、猪、羊等动物的生皮；淡水、海水养殖的水产品；棉、麻、柳条、席草等。

加工农产品类：加工农产品是用物理、化学和生物学的方法，将农业的主、副产品制成的各种食品或其他用品，主要包括粮食加工、饲料加工、榨油、酿造、制糖、制茶、纤维加工的产品等。在淘宝平台销售加工农产品需要具有《食品经营许可证》或《食品生产许可证》，个体工商户需要具备营业执照和小作坊登记证。未具备以上证件、未经生产企业许可使用以上证件的个人或企业不得在淘宝平台销售商品。

农村经济产业带的产品：产业带的形成是区域经济发展的一个显著特征，很多农村地区有相关或相同产业的基地，在一定区域内可以形成产业集聚效应，这些区域的农民利用货源优势在网上销售商品，形成淘宝村或淘宝镇。

除上述的农村电商商品外，通过网络销往农村的农资产品也是农村电商商品，农资产品指在农业生产过程中用以改变和影响劳动对象的物质资料和物质条件。农资产品包括农业运输机械、生产及加工机械、农药、种子、化肥、农膜等。一般销售此类商品的网店都需要具备相关证书，并通过淘宝平台经营许可认证。

二、京东平台

（一）京东平台介绍

京东于2004年正式涉足电商领域，是专业的综合网上购物商城，在电子商务领域颇受消费者欢迎，在线销售家电、数码通信、家居百货、服装服饰、母婴、图书、食品、在线旅游等数万个品牌百万种优质商品。京东平台最初主要开展B2C业务，卖家均为企业商家。2023年1月1日起，京东针对个人商家开放入驻通道，自然人可以注册"京东小店"（京东小店是针对个体工商户和自然人商家入驻的店铺模式）。

（二）京东平台适销的农村电商商品

1. 输入模式的农村电商商品

在农村电商输入模式上，适销的农村电商商品主要是针对农村市场进行销售的商品，包括农资用品、家居家具、家装厨具、母婴玩具乐器、家用电器、个护化妆、食品饮料、男装女装、手机数码通信、营养保健、鞋靴、箱包、钟表、数码、珠宝、图书、音像等。这些都是广大农民需要的商品。

2. 输出模式的农村电商商品

在农村电商输出模式上，适销的农村电商商品主要是通过京东平台销往全国的商品。如新鲜水果、蔬菜蛋品、海鲜水产、地方特产、粮油调味、绿植园艺等。

除此之外，农村经济产业带通过产业集聚效应生产的很多商品，也是适销的农村电商商品，具体可查询京东商品类目。

三、拼多多平台

（一）拼多多平台介绍

2015年9月，拼多多上线，得益于微信的社交传播力和拼单低价加主打爆款的运营模式，上线两周粉丝破数百万。平台最初以生鲜商品切入，后迅速扩展到其他品类，2016年2月，单月成交额破1 000万元，付费用户突破2 000万。平台最初瞄准的是低线城市，并依赖用户基数庞大的微信实现低成本裂变，并结合拼单享有更低价的拼购模式实现流量的变现。2017年12月，成立不到两年的拼多多用户数超过3亿，2018年1月，平台月成交总额超过400亿元，并于2018年7月在美国上市。截至2022年年底，拼多多年活跃买家数达7.884亿，超过阿里巴巴（7.79亿），成为中国用户规模最大的电商平台。

（二）拼多多店铺类型

拼多多成立之初以水果生鲜拼单切入电商市场，现如今拼多多发展壮大，平台一直都很重视农村电商市场。让全国各地的农产品走出农村、走向大城市是平台重要的方向。

拼多多平台国内商家可以选择两大类共6种入驻的身份。具体来说，拼多多平台的店铺类型包括个人店和企业店两大类。个人店适合个人、个体工商户，提供身份证等材料即可开店。而企业店则适合公司、企业，提供营业执照等材料就可以开店。两种店铺类型最主要的区别在于开店的主体不同。个人店开店的主体是个人，企业店开店的主体是公司或企业。

个人店分为个人店和个体工商店。个人店和个体工商店都是以个体性质进行开店。区别在于个人店开店的主要资料是身份证，而个体工商店开店的主要资料是个体工商户的营业执照。

企业店分为旗舰店、专卖店、专营店和普通店。它们的区别在于经营店铺的品牌要求不同。旗舰店经营1个自有品牌或者1级授权品牌。专卖店经营1个授权品牌的商品。专营店经营同一主营类目下两个及以上品牌商品的店铺。普通店经营的店铺没有品牌的要求。

拼多多平台入驻是免费的，但如果想良好地运作店铺，商家需要缴纳一定的保证金，不同店铺类型、不同类目的保证金要求不同。

第三节 农产品直播营销

一、直播的概念和特点

(一) 直播的概念

"直播"一词由来已久，在传统媒体平台就已经有基于电视或广播的现场直播形式，如晚会直播、访谈直播、体育比赛直播、新闻直播等。词典对直播的定义为"与广播电视节目的后期合成、播出同时进行的播出方式"。

随着互联网的发展，尤其是智能手机的普及和移动互联网的速度提升，直播的概念有了新的延展，越来越多基于互联网的直播形式开始出现。

在互联网时代，直播就是指网络直播，是指用户在手机或计算机上安装直播软件，利用摄像头进行实时拍摄和呈现，其他用户可以在相应的直播平台直接观看和互动。

(二) 直播的特点

直播具有以下特点。

1. 娱乐性强，内容丰富多样

现在直播具有极强的娱乐性，可以满足用户碎片化的娱乐需求。不管是秀场直播，还是电商直播，主播选择的直播内容往往带有娱乐因素，能够让用户感受到快乐。不同的主播对应着各种类型的直播内容，如唱歌、户外、教学、电商卖货、产品发布会等，可以满足用户多方面的内容需求。

2. 即时互动，分享便捷

与图文、短视频等内容类型相比，直播具有更强的即时互动性。在网络直播中，不管主播的名气大小，都会与用户进行实时交流。在直播营销过程中，电商企业、品牌商在向用户呈现商品的营销信息时，用户可以针对营销信息发言互动，分享消费体验，实时反馈自己的意见，真正参与到企业的商品生产或营销活动中，这样既有利于增强用户的参与感，消除品牌与用户之间的距离感，还能调动直播间的氛围，促使企业进一步地优化商品和不断地完善营销活动。

用户在感受到网络直播带来的愉悦之后，可以通过发送链接或二维码将直播间分享到微信朋友圈、微博等社交平台，被分享者不需要进行额外的操作就可以准确、迅速地进入相应的直播间。

3. 身临其境，用户体验更真实

由于直播的实时互动性，直播所展示出来的内容无法经过后期加工，会让用户有很强的真实体验。因此，直播营销可以展示商品的生产环境、生产过程，让用户了解真实的生产制作过程，从而增加信任度。同时，直播商品的试吃、试玩、试用等过程可以让用户直观地了解商品的使用效果，从而刺激其购买欲望。

二、农产品直播营销的优势

直播营销是指在互联网时代，以直播平台为载体，通过视频直播的技术手段，在事件发生的现场同步制作和播出节目，以达到提升品牌、增加销售目的的网络营销模式。2016年被称为中国网络直播元年，自2016年以来网络直播平台不断涌现，主要的电商平台如淘宝、苏宁易购、京东等都引入了直播功能，直播用户规模也在不断增长。《中国数字经济税收发展报告（2022）》显示，截至2021年年底，中国在线直播行业用户规模达6.35亿人，占总人口比例达到44.94%，且呈现出稳步增长的态势。飞速发展的直播行业作为数字经济的重要一环，为提高我国就业率、促进区域经济发展和产能升级、助力复产复工脱贫攻坚和乡村振兴做出了突出贡献。农产品直播营销的优势如下。

（一）全面直观，提升顾客信任

信任是影响顾客购买的重要因素，现在食品安全问题层出不穷，顾客更希望了解农产品的生产源头环节，以确定买到的食物安全无污染，而网络直播就能解决这一问题。直播打破了时间、空间的限制，拉近了买卖双方的距离，可以全面直观地展示农产品的种植和生长环境、生产过程、采摘过程、包装发货过程……采用这种可视化的方式，使生产及销售流程更加透明，能让消费者更放心，对产品、生产者乃至销售店铺产生更高的信任。

（二）降低成本，提高销售效率

传统的电商平台为获取流量常采用打折降价、购物满减、赠品等活动方式，这些方式不仅成本高，而且会让消费者认为存在价格欺诈，从而降低顾客忠诚度。而直播相对于传统的电商更能迅速、大量拉动流量，使流量的购买及获取成本大大降低。传统电商模式下，顾客主要通过文字方式向卖家进行咨询，而卖家的销售答疑也通过文字方式一对一进行，咨询服务的工作量大而且效率低，若不能及时回应还会降低顾客满意度。而采用直播营销方式，卖家可以一次性解决对农产品的说明讲解和一些顾客存在的共性问题，从而大大减轻了人员负担，提高了工作效率，降低了人力成本。顾客在观看直播时还可以直接点击网页链接转换至产品频道进行下单购买，节省了顾客切换屏幕的时间，提高了销售效率。

第三章　农村电商

(三) 实时互动，促成顾客及时购买

直播营销是以人为中心，实时互动的营销方式。在直播平台上，顾客可以通过关注、评论、分享等方式与主播互动，还可以邀请好友观看直播、进行线上下单。主播可以采取现场赠送小礼品、邀请顾客农场采摘体验等方式与顾客互动。这种互动能更好地带动销售气氛，通过及时回答顾客提问，消除顾客疑虑，也有利于提高顾客的及时购买率。主播与顾客之间的即时互动，增强了传播者的亲和力，顾客也由被动的接受者转变为主动的参与者，这种高卷入度的状态有效提升了信息的传播效果。此外，农产品有冲动购买的特性，适合做团购，在直播过程中，主播与受众、受众与受众之间的实时互动容易营造热闹的氛围，形成团购以产生即时大量的销售效果。

三、直播团队的组建

根据直播工作岗位、工作内容、工作流程等要素，个人或商家可以组建不同层级的直播运营团队。

(一) 低配版直播团队

如果预算不高，那么可以组建低配版直播运营团队。根据工作职能，团队需要至少设置1名主播、1名运营。

这种职能分工方式对运营要求比较高。运营必须是全能型人才，懂技术、会策划、能控场，懂商务、会销售、能运营，在直播过程中集运营、策划、场控、助理等于一身，能够自如地转换角色，做到游刃有余。

设置1名主播的缺点在于团队无法实现连续直播，而且主播流失、生病等问题出现时会影响直播的正常进行。

(二) 标配版直播团队

企业或商家选择直播带货，一般会按一场直播的完整流程所

产生的职能需求组建标配版直播运营团队。

标配版团队的核心岗位是主播，其他人员要围绕主播来工作。标配版团队的岗位人员：1名主播、1名策划、1名场控和1名运营。如果条件允许，还可以为主播配置1名副播，协助主播完成直播间的所有活动。

（三）升级版直播团队

随着团队的不断发展，企业或商家应适当壮大直播运营团队，将其改造为升级版团队。升级版团队的人员更多，分工更细，工作流程也更优化。包括：1名主播、1名副播、1名助理、1名策划、1名编导、1名场控、2名运营、2名店长导购、1名拍摄剪辑人员和2名客服。

四、直播营销的设计思路

直播营销是一场事件营销，除了它本身的广告效应，直播内容的新闻效应往往更明显，引爆性也很强。它不仅可以很轻松地进行传播和引起关注，还能体现出客户群的精准性。客户可以在一个特定的时间共同进入播放界面观看直播，然而时间的限制能真正识别并抓住具有忠诚度的精准人群。如何设计一场成功的直播营销方案直播营销，是一个极其重要的话题，下面介绍一种"五步法"。这五步分别为直播营销的整体思路、直播营销的策划筹备、直播执行、直播营销的后期传播、直播营销的效果总结。

（一）整体思路

在直播营销开始前需要有个整体的思路，没有一个整体的思路框架，那么后期的任务就没有方向，没有目的，任务也就无法正常开展。所以，在直播营销开始前，制定好整体思路是极为重要的。直播营销的整体思路具体包括了目的分析、直播方式的选择、直播策略的组合。

直播目的分析是为了进一步对市场、消费者、产品等进行了解，从而最大程度地给自己带来利益。方式的选择，就是通过对市场的调研，选择一个最合适的方式进行直播营销。策略的组合就是直播营销可以和其他策略进行组合，从而更好地达到营销的目的。

(二) 策划筹备

将直播营销方案撰写完善。

在直播开始前将直播过程中用到的软硬件测试好，尽可能降低失误率，防止因为筹备疏忽而引起不良的直播效果。

为了确保直播当天的人气，新媒体运营团队还需要提前进行预热宣传，鼓励粉丝提前进入直播间，静候直播开场。

(三) 直播执行

直播营销的第三大环节是直播执行。前期筹备是为了现场执行更流畅，因为从观众的角度，只能看到直播现场，无法感知前期的筹备。为了达到已经设定好的直播营销目的，主持人及现场工作人员需要尽可能按照直播营销方案，将直播开场、直播互动、直播收尾等环节顺畅地推进，并确保直播顺利完成。

(四) 后期传播

直播营销的第四大环节是后期传播。直播结束并不意味着营销结束，新媒体运营团队需要将直播涉及的图片、文字、视频等，继续通过互联网传播，让其抵达未观看现场直播的粉丝，让直播效果最大化。

(五) 效果总结

直播营销的第五大环节是效果总结。直播后期传播完成后，新媒体团队需要进行复盘，一方面，进行直播数据统计并与不直播前的营销目的作比较，判断直播效果；另一方面，组织团队讨论，提炼出本场直播的经验与教训，做好团队经验备份。每一次直播营销结束后的总结和复盘，都可以作为新媒体团队的整体经验，为下一次直播营销提供优化依据或策划参考。

第四节 农产品短视频营销

一、短视频的概念和特点

（一）短视频的概念

短视频是一种视频长度以秒计数，主要依托于移动智能终端实现快速拍摄与美化编辑，可在社交媒体平台上实时分享和无缝对接的一种新型视频形式。

短视频是相对于长视频来讲的，长视频播放时间长，用户黏度强，像影视剧、综艺节目视频等均属于长视频；短视频播放时间短，但数量繁多、内容丰富，能够产生较高的页面浏览数，加之当下智能手机的普及、时间碎片化，人们更喜欢在移动端看一些短视频。短视频的播放时间短、随播随看，内容的多元化，恰好满足了用户的不同偏好，已经被用户接受并深受用户喜爱。

（二）短视频的特点

与传统视频相比，短视频主要特点如下。

1. 结构短小，内容多样

短视频的时长一般为15秒到5分钟，由于时间有限，短视频展示出来的内容大多是精华，在开头的前3秒就要抓住用户的注意力。这也符合用户碎片化阅读的习惯，可以降低用户的时间成本。

短视频的表现形式是多元化的，有技能分享、幽默搞怪、时尚潮流、社会热点、街头采访、公益教育、广告创意、商业定制等内容，符合用户个性化和多元化的审美需求。

2. 拍摄门槛低，制作简单

短视频的制作门槛较低，实现了生产流程简单化，每个用户都可以使用一部手机来实现短视频的拍摄、制作、上传和分享。如今大多数短视频 App 自带滤镜和特效功能，且简单易学，使用门槛很低。

3. 传播迅速，交互性强

短视频的传播门槛低，传播渠道多样，很容易实现内容的裂变式传播。用户不仅可以在平台上发布自己制作的短视频，还可以观看、评论、点赞他人的短视频，形成较强的交互性和社交属性。

短视频平台除了通过自身平台转发和传播外，还可以与微博、微信等社交平台进行合作，将内容精彩的短视频通过流量庞大的微博或微信朋友圈、视频号等进行分享，进而形成更多流量，推动短视频的传播范围进一步扩大。

4. 观点鲜明，信息接受度高

在快节奏的生活方式下，大多数人在获取日常信息时追求"短平快"，而短视频信息开门见山、观点鲜明、内容集中，容易吸引用户，并被用户理解与接受，信息传达和接受度更高。

5. 指向性强，目标精准

与其他营销方式相比，短视频营销具有指向性优势，因为它可以准确地找到目标受众，实现精准营销。短视频平台通常会设置搜索框，对搜索引擎进行优化；而用户一般会在平台上搜索关键词，这一行为使得短视频营销更加精准。

二、农产品短视频营销的优势

农产品营销的方式越来越多，包括网络营销、服务营销、体验营销、整合营销及社交营销等。短视频营销属于网络营销,也是具有巨大潜力的营销方式之一。与其他营销方式相比,农产品短视频营销具有很大的优势。

(一)成本低

与传统的广告营销的资金投入相比,短视频营销的成本算是比较低的,这也是农产品短视频营销的优势之一。成本低主要表现在三大方面,即制作的成本低、传播的成本低及维护的成本低。

短视频要迅速传播且不耗费太大的成本,关键在于打造短视频的内容,要真正击中受众的痛点和需求点。随着受众群体对短视频内容的要求的不断提高,短视频的打造也慢慢开始向专业化、团队化发展。虽然制作短视频的门槛较低,但如果想要借助短视频的力量获得良好的营销效果,就必须要以专业化团队的力量作为支撑,而且短视频营销也在逐渐向专业化的方向不断前进。

(二)互动性强

短视频营销很好地吸取了网络营销的优点——互动性很强。几乎所有的短视频都可以进行单向、双向甚至多向的互动交流。对于农产品销售者而言,短视频的这种优势能够帮助农产品销售者获得顾客的反馈信息,从而更有针对性地对自身进行改进;对于顾客而言,他们可以通过与销售者发布的农产品短视频进行互动,从而对农产品的品牌进行传播,或者表达自己的意见和建议。这种互动性使得短视频能够快速地传播,还能使得农产品的营销效果实现有效提升。

(三)效果好

短视频是一种时长较短的图文影音结合体,因此,短视频营销能够带给消费者图文、音频所不能提供的感官的冲击,这是一种更为立体、直观的感受。短视频能做到农产品的种植、加工、包装整个流程的可视化,让消费者更放心地做出选择。

短视频营销的效果比较显著,除了因为画面感强之外,还因为短视频可与电商、直播等平台结合,实现更加直接的赢利。消费者可以边看短视频,边对产品进行购买,这是传统的电视广告所不能拥有的优势,因为一般消费者在观看了电视广告之后,不能实现快捷购物,一般都是通过电话购买、实体店购买及网上购买等方式来满足购物欲望,但在这些方式中,消费者都不可避免地会遇到一些问题,如在电话中无法很好地描述自己想购买的商品的特征、不想出门逛街购物等。

(四)传播速度快

短视频营销还拥有传播速度快、难以复制的优势,因为短视频营销本身就属于网络营销,所以短视频能够迅速地在网络上传播开来,再加上其时间短,适合现在快节奏的生活,因此更能赢得广大受众的青睐和欢迎。

此外,顾客在与短视频进行互动的过程中,不仅可以点赞、评论,还可以转发。一条包含精彩内容的短视频,如果能够引发广大用户的兴趣并被他们积极转发,那么就很有可能达到裂变式传播的效果。

短视频平台除了自己转发和传播,还积极与新浪微博这样的社交平台达成合作,将内容精彩丰富的短视频通过流量庞大的微博发布出来,进而吸引更多的流量,推动短视频的传播。

(五)持续时间久

利用短视频进行营销的一个好处是它的"存活"时间比较久。如果想要利用电视广告持续向大众展示产品,就需要一直投入资金,一旦企业停止支付费用,就会遭到停播,而如果利用短视频进行营销的话,一时半刻不会因为费用的问题而停止传播,因此"存活"的时间久。

(六) 数据效果可视化

短视频营销较传统营销有一个明显特点,就是可以对视频的传播范围及效果进行数据分析,如分析点赞量、关注量、评论量、分享量等。不管是哪一类短视频平台,都能直观地看到播放量、评论量等数据。运营者可以通过数据分析,分析行业竞争状况,掌握行业风向,调整并及时优化短视频内容,从而达到更好的营销效果。

三、短视频团队的组建

一般来说,短视频制作团队的人员配置与分工有以下3种情况。

(一) 一人配置团队

一人承包所有的内容制作工作。有的短视频制作团队因经济受限等各种因素的影响自成团队,一个人包揽策划、拍摄、演绎、剪辑等全部工作,但是这种情况工作量很大,且制作时间成本较高,虽然不乏短视频策划与运营实战优秀者,但相对而言整体质量较为一般。

(二) 二人配置团队

因人员较少,二人配置团队的分工并不是很明确,通常两个人都要承担策划、摄影、剪辑、出镜的工作,或者是一人身兼编剧和导演,另外一人承担拍摄和剪辑的工作。这种人员配置相比单人配置会轻松一些,但是整体任务量依旧比较大,要求两人综合实力要强,相对而言也比较艰难。

(三) 多人配置团队

多人配置为3人及3人以上的成员组成一支内容制作团队,包括编导、摄影师、剪辑师等人员,各司其职。如果是一个标准

第三章　农村电商

的起步阶段的短视频团队,人员配置多在 4~5 人,包括编导、摄影师、剪辑师、演员、后期制作人员,分工明确。

四、农产品短视频的创作要点

(一) 巧扣热点做好内容策划

什么样的内容观众感兴趣?虽然不同的人有不同的兴趣点,但也有共性,那就是对热点的关注。短视频等的创作可以围绕热点展开。一些原产地的名优特产,在营销时如果能用短视频的形式,结合时下热点,展示新农民的新面貌,是非常具有吸引力的。

(二) 内容体现新农村新风貌

农村现在到底怎么样?这是很多城市人最感兴趣的。在乡村振兴的大背景下,农村正在发生着翻天覆地的变化。用短视频来展示新农村新风貌,是一种很好的营销。好山好水才能出好的农产品,只有充分亮出新农村的"新名片",才能吸引消费者关注这片土地上出产的优质农产品。新农村的新风貌,可以是农村的人文、农村的田园风光,也可以是农民的精神风貌和农家趣事。

新农村生活的点点滴滴,都是好的短视频素材,都能够对农产品的营销起到很好的促进作用。

(三) 乡情就是日常生活

乡情就是日常生活。短视频里,除了直观展示乡村场景,还可以表现乡情。乡情可以为农产品的营销打下很好的情感基础。

(四) 简洁化、场景化

不同于其他构图精美、镜头质感十足的电影电视作品,农村电商创作者的短视频大多呈现的是简单甚至粗糙的视觉画面,没有精细的剪辑技巧,也没有背景音乐加以渲染衬托。他们用同期的声画呈现乡村生活的常态,增加了受众的情景代入感和主观体验感。

(五) 突出农产品优势直接表现

短视频的最大优势是生动直观,一目了然。因此,用短视频来进行农产品营销是非常合适的。那么,怎么样拍才能打动观众的心,激发他们的购买欲望?下面以水果为例。

第一,新鲜。产地直销,现买现摘。拍摄水果类短视频可展示果园全景和摘果子的镜头。

第二,好看。很多人吃过水果,但没有见过果实挂满枝头的情景,拍摄可以用近景、中景展示果实挂满枝头的情景。

第三,好吃。好吃是水果最重要、最吸引人的亮点,可以展示现摘水果、当场试吃的情景,对于水果的打开过程用近景展示,表现其多汁的果肉。镜头的冲击力能大大激发观众的购买欲望。

第四,物流保证。新鲜的农产品能快速到达购买者手中非常重要,要有充分的物流保证才能让观众坚定购买的决心。短视频中只要能充分展示农产品的优势特色,并且能保证又快又好地让购买者收到,这样的短视频营销往往能取得不俗的销售成绩。

第四章 乡村新业态

第一节 智慧乡村旅游

乡村旅游是我国旅游发展的新热点,是极具潜力与活力的旅游板块之一。随着信息通信技术的发展,当前乡村旅游已超越农家乐模式,向观光、休闲、度假复合型转变,打破了传统乡村旅游的固定模式,进入创新化、精致化、高质量化发展的新阶段,形成智慧乡村旅游新格局。

一、智慧乡村旅游发展的意义

智慧乡村旅游的可持续发展,有利于改善农村的居住环境和生态环境,能够为农村地区带来更多的就业机会及经济收入,有效地解决农村青壮年劳动力流失等问题,从而推动乡村振兴。

智慧乡村旅游可以利用信息通信技术实现旅游资源的深入挖掘,丰富旅游体验。例如,借助无人机快速高清画面回传技术,结合虚拟拍照技术或虚拟现实/增强现实(VR/AR)等,丰富游客的感官体验,深化对旅游资源的开发,满足游客的纵深旅游服务需求。以陕北乡村为例,VR全景淋漓尽致地展现了陕北地区的田园风光和特色建筑,体现了古老深远的黄土地文化。

智慧乡村旅游可以通过景区停车场、购票系统、语音导航等旅游基础设施的智慧化建设,构建乡村旅游资源开发的智慧化服务网络，以优质服务增加旅游资源的持续吸引力。例如，浙江省温州市苍南县智慧旅游通过小程序功能为游客提供地图导览及语音导游服务。

智慧乡村旅游可以利用大数据技术支持旅游资源开发与经营管理，通过环境监测、数据资源监测、车船监测、景区运行监测、假日运行监测、经营收入等数据分析管理，随时监测乡村地区旅游资源的使用与开发现状，防止出现旅游资源的过度开发与利用。智慧乡村旅游的经营管理可以借助旅游数据的共享性，对数据进行深度挖掘与分析，及时疏导游客，引导游客分流；还可以根据游客的年龄、职业、在景区的停留时间等相关数据进行人群画像，实现对乡村旅游需求的深度挖掘，把握乡村旅游市场方向，以指导乡村旅游资源的未来开发与利用。

搭建智慧乡村旅游的服务管理，可以转变传统乡村旅游中分散化、家庭作坊式的经营模式，形成乡村旅游目的地的全方位数据承载平台，通过技术支持与流量汇总，整合旅游资源，构建乡村旅游产业互联网，连接乡村旅游的吃、喝、住、行、购、娱乐休闲体验等全产业链，并对旅游产业链进行再造与升级，打造乡村旅游智慧化经营管理与产业结构重构，这为乡村旅游与农村经济的转型升级提供了无限空间。

二、智慧乡村旅游建设的内容

（一）景区设施数字化

完善景区网络覆盖，推动停车场、旅游集散与咨询中心、旅游服务中心、旅游专用道路及景区内部标识系统等数字化与智能化改造升级，视情况围绕乡村特色景观打造数字化体验产品，提升旅游设施便捷度。

（二）景区运营服务数字化

完善分时段预约旅游、非接触式服务、智能导游导览、实时游客流量发布、气象预警等功能,积极接入省级旅游平台或互联网服务平台,实现门票在线预订、旅游信息展示、会员管理、优惠券团购、文旅创新产品销售等功能,优化旅游服务体验。

【案例链接】

重庆市美心红酒小镇

美心红酒小镇为涪陵区重庆美心投资股份有限公司旗下投资建设,依托"智慧旅游综合管理平台"建设"最强数字大脑",打造集数字化、沉浸化、智慧化为一体的新型游客中心,集智慧游园、智慧驿站、智能厕所、智能化创新体验产品、数字化红酒文化展示厅、智能汉堡餐厅等于一体。其中,智慧驿站包含智能急救、共享设备、AI互动、智能储物柜、机器人导游等。

游客只要携带一部手机,就能够通过扫码获取导航地址、AR全景视图、游乐项目基本信息,通过"刷脸""刷手机"就能实现便捷智能支付,大大提高了游客游玩的便捷性。

美心红酒小镇利用智慧旅游综合管理平台,集成了视频监控系统、公共广播系统、智慧安防系统及数据中心机房,集监测、控制、维护、服务与管理功能于一体,实现对全景区的实时管控,且通过建立多跨度的数据交换体系,实现了景区与政府行业管理部门及其他景区的数据共享。同时建设停车场管理系统、智慧综合自动化办公系统、全媒体营销应用系统、旅游舆情监测系统,从而全方位实现景区智慧化服务、智慧化营销、智慧化管理,实现面向未来的智慧旅游新形态。

2022年,美心红酒小镇入选第三批重庆市智慧旅游乡村示范点。

(三)景区营销推广数字化

采用网络直播、平台推介、网站专题专栏、小程序等线上营销方式进行乡村旅游推介。

(四) 景区管理数字化

完善客流量监测监控、景观资源管理、应急广播、应急处置响应、指挥调度中心等功能,提升景区数字化管理能力。

三、乡村旅游智慧化的发展困境

(一) 缺乏旅游智慧化服务理念和规划

乡村旅游发展较为粗放,缺乏智慧服务和管理认识,没有形成清晰的智慧服务理念,智慧服务水平比较低,不能满足游客的需求。目前,各地智慧乡村旅游发展较慢,智慧化规划不够完善,没有透彻分析自身资源优势及现有产业基础,对旅游发展方向定位模糊,或盲目跟风,造成泛商业化、产品单一化、文化同质化严重,缺乏创新动力。

(二) 基础设施信息化、数字化水平不足

智慧旅游需要应用大量的信息化、数字化技术,如云计算、物联网、全球定位系统、地理信息系统、虚拟现实技术、智慧终端技术等。目前,乡村信息化、数字化基础较弱,导致乡村旅游信息离散化、有效信息被隐匿,降低了旅游服务供给能力。在管理方面缺少信息化、数字化管理平台,使乡村旅游管理与监测、安全管理、秩序管理等都受到影响。

(三) 缺少专业的管理人才,市场营销手段单一

智慧乡村旅游发展需要对管理学、旅游学、市场营销等方面的知识有所了解,具备信息管理能力和互联网思维的复合型专业人才。当前,多数乡村没有配备专门的旅游信息技术人才,甚至没有专职的人员从事信息技术工作,导致乡村旅游信息网站、微信公众号的维护、信息更新、新技术应用等得不到保障。我国乡村旅游资源丰富,但是盲目跟风导致旅游景观雷同,缺乏差异化、特色化旅游产品与服务，同质化的旅游产品及服务导致现有营销模式的有效性降低，亟待引入智慧营销体系，以适应自驾型、散客型旅游模式。

四、智慧乡村旅游的发展策略

（一）"互联网+"平台优化服务功能，满足游客精细化、个性化服务需求

运用"互联网+"的模式，建立网络宣传平台，满足游客对乡村景区精细化、个性化服务的需求，促进优质服务的线上线下融合，全面提升乡村景区服务水平；完善乡村交通枢纽网，积极改善停车场、旅游标识等配套设施，打破景区景点的交通瓶颈；培育云旅游、云演艺、云娱乐、云直播、云展览等新业态，打造沉浸式旅游体验新场景。

（二）智慧化服务平台建设提质旅游服务智慧升级

"互联网+智能技术"的结合，能够规范引导智慧旅游公共服务平台系统建设，构建以数字化、网络化、智能化为特征的智慧旅游平台，实现游客导航、导游、导览、导购功能智慧化，解决乡村旅游交通偏僻、交流阻塞等问题，实现信息快捷传递、游览数字化等旅游服务。智慧旅游平台全面覆盖电子门票、风险事件处理、车流量监控等各个方面，从而满足乡村旅游全面监管的实际需求，也加快了数字乡村建设。

智慧乡村旅游的发展之路必定不是一帆风顺，且不是一蹴而就的。智慧乡村旅游数字化、网络化、智能化的发展需要政府高度重视并鼓励利用"互联网+旅游"促进文化和旅游融合发展；注重配套设施建设和软性服务提升改造；培养文旅科技创新型和复合型人才；加大对旅游智慧化建设项目的扶持力度，鼓励和支持本地企业参加智慧旅游项目建设，广泛吸引社

会资本参与项目建设和运营,为乡村振兴、旅游业高质量发展贡献一份力量。

(三)培养融合型、复合型人才,促进乡村文化动态展示

"以文塑旅、以旅彰文"是智慧旅游发展的初心。乡村旅游需优化地区人员结构,吸引高技术人才参与智慧乡村旅游建设及管理,为智慧乡村旅游提供技术支持和管理支持。同时,要加强当地旅游产业人员培训,提高当地人员的专业文化素养及服务理念,动态展示乡村特色文化,以此延长地方产业链,实现智慧旅游经济下的产业联动发展。

第二节　智慧认养农业

一、智慧认养农业概述

智慧认养农业是一种消费者预付生产费用,生产者为消费者提供绿色、有机食品的乡村新业态,通过在生产者和消费者之间建立风险共担、收益共享的合作模式,实现农村对城市、土地对餐桌的直接对接。认养农业经营主体依据自身实际开展数字化改造,实现农业耕作、养殖的智能化、数字化和远程控制,将农业对象、环境以及生产全过程进行可视化表达、数字化展现和信息化管理。消费者可利用 App、小程序等,实现田园种植、畜禽、果树、鱼塘的在线认养、实时监控。

二、智慧认养农业的意义

(一)种植透明化,保障食品安全

消费者可通过认养平台查看种植养殖基地内认养产品的生长情况,让食材来源更"透明"。认养产品直接面向消费者,注重

品质和安全性，所以，消费者认养的不仅仅是安全的食品，更是放心和安心。

（二）紧密合作，助农增收

传统的农业生产和销售有地域局限性，而认养的方式拓宽了农牧产品的生产、销售渠道，做到了辐射全国，不受地域限制。智慧认养农业让消费者和农户直接建立合作关系，大大降低了产品滞销难卖的风险。这不仅给农村带来了客流、信息流、资金流，也解决了农村土地闲置、劳动力过剩等核心问题。

（三）发展农村地域经济，打造特色农业品牌

认养打破了传统农业发展思路，为农村的农田、养殖业等打开新的发展渠道，在农作物、牲畜等产品成熟上市之前就完成预定，减少滞销难题，助力打造特色农产品标识，可以让特色品牌赋能乡村振兴，推进特色农业高质量发展。

【案例链接】

贵州拓展"农业智慧认养"线上平台

2022年4月11日，罗甸县与贵州多彩宝互联网服务有限公司举行"互联网+认养""我的一亩田"项目签约仪式。依托"多彩宝"App拓展全省"互联网+认养"平台，以罗甸县"大小井"景区为首个基地，创新农旅产业融合发展形式，助力乡村振兴，书写全国线上智慧认养产业链新篇章。

"互联网+认养""我的一亩田"项目，是多彩贵州网旗下多彩宝公司在"互联网+实体产业"赛道上的新产品、新模式。基于"多彩宝"App平台，连接城市乡村，让用户通过手机即可拥有自己的稻田，感受农趣，体验丰收。用户只需在线选购田地，缴纳定金，即可成为稻田认养人，在稻田成熟后根据实际需求认购罗甸绿色大米。此外，认养区域周围覆盖360°物联网监控，用

户通过"多彩宝"App便可在手机上全天24小时了解种植进度、生长状况等，实现"土地到餐桌"全程可追溯管理。

多彩宝公司是贵州省拟上市重点培育企业。截至2022年4月，其建设运营的"多彩宝"App累计下载量超过1亿次，实名注册用户近两千万人，是贵州用户最多、体验最好、功能最全、覆盖最广的数字经济大平台。多彩宝公司此次主动对接，以罗甸县沫阳镇大小井基地为示范点，打造"长寿之乡·绿色大米"品牌，计划把"互联网+认养"模式推广到全省各区域，为农业生产及创新销售提供经验。将农旅产品从线下走上线上，带动产品销售。

据了解，在认养期间，用户可以在一年之内的栽秧、收割农作物等环节，去线下实地体验农田生活。除享受农耕乐趣外，还能体验大小井景区的游船、观光、露营、火龙果采摘、特色民宿等项目。助力当地农民增收，实现当地旅游产业联动发展。

三、智慧认养农业的内容

（一）田园种植认养

消费者通过App、小程序等网络平台进行土地租用、作物选择、付款、远程管理，种植过程由农场专业人员就地实施。农业生产经营主体通过在农田部署小型气象站、土壤温湿度传感器、自动灌溉设备、监控摄像装置等多种物联网设备，为消费者提供从农作物播种、田间管理到作物收获的全流程生长状态及环境的实时可视化监控，待认养作物成熟时，以约定配送方式送达。

【案例链接】

认养生态稻田　回归梦想田园

2022年6月25日，福建省三明市将乐县水南镇乾滩村绿景

第四章 乡村新业态

农鱼稻共生稻田基地里,一片片绿油油的水稻正在茁壮生长,家住城区的谢家长正带着一家人在一块水稻田边游玩。

"这是我认养的稻田,下班后带一家人过来感受大自然的气息,很舒心。"谢家长指向他面前一大片平坦的稻田说。谢家长认养了5亩稻田,2022年6月11日,他领着家人来稻田里插上了秧苗,如今半个月过去了,秧苗已经有30多厘米高。"等到秋天,我家就能吃上生态大米了。"

这是2022年水南镇联合绿景农生态农业有限公司推出的水稻种植新模式。"这原本是一片非粮化土地,我们以600元每亩的价格将土地承包过来,以90平方米为单位,认养金500元招募认养人。"绿景农工作人员方芸介绍。绿景农公司提供秧苗,从春种到秋收、浇水施肥、田间管理等各环节,公司提供全程保姆式服务,统一收割、统一烘干、统一碾米,水稻收获后认养人可以得到50公斤的生态大米。其间,认养人可以全程体验插秧、施肥、摸鱼及收获的乐趣。"我们还打算引进智能监控系统,认养人只需要通过手机点击App,在家就能看到自己亲手种植水稻的长势。"

为保证稻米的生态绿色,将在稻田中进行鱼稻混养,鱼苗对杀虫剂异常敏感,混养可以杜绝使用杀虫剂,同时,鱼的活动和饮食能够清除田中杂草和害虫、改善土壤,形成良性的生态循环系统。目前,已有20多户认养40亩稻田。

水南镇乾滩村距县城车程10分钟,交通便利,并且临近梅花谷、鹭鸣湾,有丰富的旅游资源。作为城郊村,水南镇发挥乾滩村地理优势,发展示范片,通过示范片引导农民流转土地,通过稻鱼供养模式示范带动,增加土地的附加值。

乾滩村稻农钟木根被绿景农聘请管理认养田,他算了一笔账,如果自己种植水稻,每亩地的利润大约400元,而将土地承包出去,除了每亩600元田租外,他还可以领到每年4000元的管理费，农忙时期做按天计费的零工，每天还有 200 元的工资。"这样算下来比自己种植划算多了。"钟木根说。

通过水稻认养模式，2022 年迈出第一步，水南镇已提前做好了长远规划，在保证粮食产量的同时，还计划与二三产业紧密挂钩，融合观光休闲、度假养生、采摘体验等功能为一体的"农旅融合"发展新路径，推动田园综合体项目，使更多农民和消费者从中受益。

（二）畜禽养殖认养

消费者通过 App、小程序等网络平台在线选定所需畜禽的仔畜雏禽、品质等级、养殖模式等，养殖过程由农场专业人员就地实施。农业生产经营主体通过为畜禽植入数字化特征标识，为养殖环境安装控制器、监控摄像装置等多种物联网设备，实现消费者对认养畜禽的喂养、防疫，以及对生长环境、养殖状态的实时可视化跟踪。认养期满后，农业生产经营主体将认养畜禽屠宰，并通过冷链物流配送。

（三）果树种植认养

消费者通过 App、小程序等网络平台，根据农业生产经营主体提供的水果种类，认养相应果树，以托管方式交由农业生产经营主体开展种植工作。农业经营主体通过为种植环境安装温湿度传感器、光照传感器、风速传感器、无人机、监控摄像装置等多种物联网设备，实现消费者对果树生长环境的实时监测。待果品成熟后，以约定配送方式送达。

（四）鱼塘养殖认养

消费者通过 App、小程序等网络平台，选定所需水产种类、出塘规格，由农场专业人员就地实施。农业生产经营主体通过为鱼塘养殖环境安装水质传感器、温度传感器、溶解氧传感器等传感设备，自动投料、增氧泵、循环泵等智能联动控制设备，以及监控摄像装置等,实现消费者对认养水产的生长环境、生长情况、饲喂情况的全过程实时监测。在水产达到出塘规格后,以约定配送方式送达。

四、智慧认养农业的发展思路

(一)对接精准人群

围绕白领人群、老年人群、中产家庭、幼儿园等固定的人群,精准对接是认养农业的发展核心。

用户人群精准对接,才可以解决消费者真正的需求和痛点,如果没有精准的人群对接,认养农业很难做强做大。

(二)互联网结合

认养农业是互联网的产物,是伴随着互联网发展与壮大的。认养农业是新型的农业,智慧农业、物联网农业、大数据农业、可视化农业,甚至信息技术、生物技术等高科技植入到传统农业生产与管理,拔高了农业溢价空间。因此,认养农业一定要善于借助互联网、生物技术等来提高农业天花板和农产品品质。

(三)诚信

诚信是农业经营的重要准则。认养农业不仅仅是对农产品生产的再造,更是推动农产品规则的发展。认养农业的经营者一定要围绕用户的痛点,在生产或者管理中严格执行标准和约定,确保农产品的品质。

(四)提高复购

为了提高复购,认养农业应注重与用户建立信任的关系。除了良好的诚信和服务之外,认养农业还需要设计多个商业模式,提高用户复购率,或者围绕现有的客户拓展新客户。比如,用户裂变、会员制、2B模式等。

第五章 数字治理

第一节 智慧党建

"智慧党建"是指利用互联网、大数据、云计算等新一代的信息技术实现党建工作的智能化管理。

《中共中央关于加强党的政治建设的意见》中明确提出,积极运用互联网、大数据等新兴技术,创新党组织活动内容方式,推进"智慧党建"。

近几年,各地各级党组织已经掀起了"智慧党建"平台的建设热潮,常见的"智慧党建"网站、党建微信公众号、党建App等都属于"智慧党建"的应用。"智慧党建"的不断推进,强化了基层党组织的管理,提升了党务管理工作的效率,增强了乡村基层党员与群众之间的互动,进而提高了社会治理水平。"智慧党建"在乡村基层党建工作中主要体现在党务管理信息化、新媒体党建宣传、党员网络教育3个方面。

一、党务管理信息化

党务管理信息化是"智慧党建"的重要内容。随着社会的发展和现代网络技术的推进,日常党务处理实现了静态和动态管理的统一,不仅扩大了党组织的活动舞台和辐射范围,拓宽了党内民主渠道和党群沟通渠道,创新了党建管理方式,同时也加强了党务管理信息、教育、服务功能一体化建设,加强了党务管理工作的信息化、标准化、现代化管理,从而全面提升了党务管理工作的效率和水平,减轻了基层工作负担,顺应了党建工作和新技术"融合共生"的趋势。

党务管理信息化建设既是信息化时代发展的客观要求,也是党的先进性建设和党建工作改革创新的必然要求。对比传统的乡村基层党务管理模式,新技术赋能的党务管理主要有以下 5 个方面的创新。

（一）便捷的管理服务

信息技术可以加强组织对党员的动态管理,随时检查、工作留痕、考核、线上缴费、组织关系转移都可以在网上完成,节省了人工和时间成本,切实帮助党组织减轻基层工作负担。

（二）实施工作监督

各级党组织积极利用党建网站、微信公众号和党建微博,及时发布重要决策和重要信息,进行在线评估,确保党员的知情权、参与权和监督权,有效地扩大了党内外的监督渠道。

（三）党员的教育是多种多样的

信息技术可以帮助组织建立在线党校、支部微信团体、党员论坛、网络支部会议等,开辟了党员教育学习的新领域。同时,图像、文字、音频和视频等多种元素的单独或综合呈现,极大地丰富了党员教育的内容和形式。

（四）党务管理工作的联合化

以往各地各级的党务管理工作基本处于相互分割的局面,缺少资源信息的公开和共享,"智慧党建"平台的出现增强了信息资源之间的互通性,更容易形成党务管理的整体合力。

（五）党务管理的精确化

传统的党务管理多采用手工操作,因而具有一定的随意性,容易受个体的影响。"智慧党建"平台具有标准统一、公平公开等特征，同时通过智能分析能力，对收集到的党组织、党员的基本信息和动态数据进行分类处理和分析，有助于党组织开展智能科学决策管理，促进党建管理工作的精确化和科学化。

目前，新技术在乡村基层党组织的党务管理信息化中的运用还处于初级阶段，未来还需要不断注入新技术、新动能，持续深化信息技术在党建工作中的应用。另外，在新技术运用过程中，乡村基层党组织要注意将网络党建和实体党建有机结合，实现线上线下统筹推进和良性互动。党务管理信息化建设不是用网络管理取代实体管理，也不是用"键对键"取代"面对面"，而是实事求是，用线上管理支持线下管理。

二、新媒体党建宣传

传统的党建宣传工作较为简单，多运用宣传板、电视媒体等渠道，在新媒体环境下，党建工作必须与时俱进，不断创新，运用新媒体，创新党务宣传，从而提高党的凝聚力和号召力，更好地为人民服务。

针对乡村基层党建宣传工作的特点和具体内容，"智慧党建"充分运用微信、抖音、微博等新媒体，极大地提高了党建的宣传力度，起到了很好的宣传作用。

（1）可以将基层党支部召开的重要会议录入支部微信公众号中，向党员进行公示，以规范基层党支部的工作内容，同时，使基层支部的各项工作融入党员的日常组织生活中。

（2）依托微信建立党支部微信群，所有党员均实名加入。通过微信群，党支部可以集中开会或集中开展党课培训和理论学习，党员可以进行发言，随时交流学习体会。这些都可以使党员宣传教育、交流互动、建言献策等功能得到进一步发挥。

（3）利用多媒体技术制作党课和微党课，时长较长的党课可以发布到支部的微信公众号中，时长较短的微党课可以投放到抖音账号中，支部党员可以随时观看学习。

（4）对于基层党支部举办的活动，既可以通过微信公众号编辑器进行加工制作并发布到微信公众号中，也可以利用H5网页制作并发布到微信群里或者个人微信，以保证宣传效果。

（5）针对党史和新闻时事，微信公众号平台和微博平台可以对文字版内容进行原创编辑，也可以转发其他认证账号的内容，微博平台和抖音平台也可以发布或转发视频版内容。

另外，在利用新媒体辅助党建宣传时，还需要将乡村基层党建宣传工作细化、分类化，让不同的乡村基层党建宣传内容与合适的新媒体平台进行对接，进而将其流程化，最终构建出"新媒体+基层党建宣传"平台，以此帮助基层党建宣传工作获得更好的效果。

三、党员网络教育

党员教育是党的建设的重要基础工作和长期战略任务，在推进中国特色社会主义伟大事业和党的建设新的伟大工程中具有先导性、全局性、保障性作用。新时期，党员的教育方式随着信息技术的发展不断发生变化。为了更好地巩固基层党组织的堡垒作用，提升乡村党员教育的便捷性和高效性，着力打造网络教育新模式是乡村"智慧党建"建设的重要一环。

信息化网络教育主要利用网络信息平台对现有的教育资源进行全面整合和共享利用，帮助党员更好地进行日常的学习教育，网络教育在乡村基层党员教育中的主要优势有以下两个方面。

（1）集中资源，分散教学。我国乡村党员分布广泛，人数较多，集中学习是有难度的，但通过信息网络技术可以很好地解决这个问题。统一部署资源，再分散到各个地区集中学习，可以起到良好的效果。

（2）网络传输资源，学员复制资源。组织大规模的党员进行学习教育受到很多因素的制约，但是如果以信息网络为载体，将相关的网络资源放到共享网站，让党员自行获取课件，进行自主学习，这样既节省了时间，也方便了党员利用自己的空闲时间进行学习。

未来，在农村党员网络教育中，各级党组织应进一步结合各个乡村的实际情况，积极主动地采取有效措施，高质量、严要求、分批次地完成教育网点的巩固提高和工程建设任务。同时，采取多种方式，系统培训管理操作人员队伍；不断探索和建立健全现代网络教育各项规章制度，进一步创新教育管理模式，增强网络教育的针对性、有效性，真正实现"党员干部经常受教育，农民群众长期得实惠"的目标，切实推动数字乡村又快又好发展。

【案例链接】

深化智慧党建　助力乡村组织振兴

鄂托克前旗位于蒙陕宁三省区交界，是以农牧业为基础、工业占主导的少数民族聚居区。作为全区基层党建创新发展先行先试旗，鄂托克前旗坚持把智慧党建作为推动整体党建工作的重要载体和有力抓手，不断在理念、机制、手段上下功夫、求创新，随着手段载体、功能布局的优化更新，智慧党建便捷高效的作用进一步显现。

一是工作理念从"替代"向"迭代"转变。鄂托克前旗顺应信息化和智能化的发展趋势，从2016年开始逐步深化智慧党建，与时俱进、融合创新，定准功能需求、注重实践应用，让智慧党建效果更好地体现在服务的便捷高效上,智慧党建不仅成为党务工作者离不开的"百事通",更成为党员干部好用实用的"掌中宝"。

二是工作阵地从"有线"向"无线"延伸。鄂托克前旗智慧党建紧跟时代步伐,在推广智慧党建平台 PC 端的基础上,加快移动端研发速度,建成了集资讯、学习、调度、督办等功能于一体的综合应用平台。通过电话直连、视频直通等功能可以实时进行单线或多方互联,实现党务与政务、服务多维度互动,为党员干部群众带来了更便捷、更高效的使用体验。

三是工作方式从"碎片"向"集成"递进。鄂托克前旗以问题为导向,在智慧党建平台研发过程中,突出实用性,规划设计了智慧组工、智慧家园等模块,全方位提升党建管理和服务水平。利用信息化手段,还可以对党员干部主责主业和"自选动作"进行筛选、汇总,形成智能评价报告、智能分析图表,对干部知事识人的"画像"更加精准。

四是工作范围从"线上"向"面上"铺开。为全旗 5 263 名党员设置实名认证账户,使用主体由党务工作者向党员干部全员推开。同时,通过发放"使用说明书"、派驻指导员、举办培训会等形式,实现了党员干部人人会用、人人想用,增强了党员干部参与的积极性、主动性。

五是工作效果从"过程"向"结果"累积。智慧党建平台将各类信息有效整合,做到扁平化、可视化,提升了党建工作效能。比如,将"十分制"管理设置为单独模块,"考""晒"结合,精准测量党员干部的政治表现、工作实绩,更好地发挥考核的"风向标""指挥棒"作用,通过动态跟踪,促进党员干部规范管理。

经过近几年的实践,鄂托克前旗智慧党建工程正在向全鄂尔多斯市推广。线上依托智慧党建平台,有效整合服务资源,实现党务和政务事项一网办理。智慧党建平台累计访问量突破46万次,下载量超过12万人次。线下优化提升大厅功能,实行一窗受理、集成服务,实现党员群众诉求一号受理。对于信息化手段触及不到的地方,组建红色服务队,提供上门、帮办和预约等服务,累计开展服务3 000余人次,办理服务事项2 180项,打通了服务党员群众"最后一公里"。

第二节 互联网+政务服务

"互联网+政务服务"是以人民为中心的发展思想,着力解决群众关心的痛点难点问题,建设一体化在线政务服务平台,打造人民满意的在线政务服务,推动政务服务从以政府供给为导向向以群众需求为导向转变。"互联网+政务服务"建设,将实现从"线下跑"向"网上办""分头办""协同办"的转变,全面推进"一网通办",为优化营商环境、方便企业和群众办事、激发市场活力和社会创造力、建设人民满意的服务型政府提供有力支撑。

一、乡村政务服务"一网通办"

乡村政务服务"一网通办"是指实现政务服务网、移动终端、实体大厅等服务渠道线上线下融合互通,跨地区、跨部门、跨层级业务协同办理。构建"用户通、证照通、材料通、消息通、支付通、物流通"的一体化政务服务体系。乡村政务服务"一网通办"依托一体化在线政务服务平台。实现政务服务全覆盖,构建新常态下的政务服务一体化运行服务体系。

乡村政务服务"一网通办"通过规范网上办事标准、优化网上办事流程、整合政府服务数据资源,搭建统一的互联网政务服务总门户,推行政务服务事项网上办理,推动企业和群众办事线上只登录一次即可全网通办,逐步做到一网受理、只跑一次、一次办成。

(1) 基层政务服务体系建设。政府建立完善窗口值守、承诺告知、收件分办、限时办结等工作机制,并聚焦市场、民政、卫生健康、就业、社保、残疾等领域和办事场景,在窗口设置、人员调配、帮办代办教办等方面进行试点,有力保障政务服务工作。

(2) 基层政务服务能力建设。政府大力推进统一受理平台应用,让乡村政务服务事项全部入驻统一平台"综合窗口"受理,实现线上线下办事"全量汇聚、全量感知"。

(3) 基层政务服务信息技术支撑。政府实施市域电子政务外网改造工程,重点调整优化乡村网络架构,实现集中管理、有效监督、安全提质,全面提升网络安全传输质量和监管服务水平。持续提升政务数据共享交换、统一受理等平台技术服务支撑能力,不断拓展和丰富各项服务功能,以实现汇聚全量实时政务服务办事数据和电子证照、申请材料数据等。

二、乡村政务服务"最后一公里"

乡村政务服务"最后一公里"是指通过将政务服务延伸到基层,拓展到指尖,让群众办事少跑路甚至不跑路,节约群众办事成本,真正为群众提供方便、快捷、高效、优质的服务,推进政务服务综合能力提升。

乡村政务服务"最后一公里"的关键在于要对与群众生产生活密切相关的服务和便民事项进行流程优化和手续简化,并经过信息化、数字技术等手段,解决群众办事难的问题,实现"一站式"办理,增强群众的获得感。

(1)推行自助服务终端应用。政府积极拓展自助服务终端配套功能,开通社保、公积金、水费、快递等便民查询和医疗保险/养老保险缴费、汽车购票、手机充值等便民服务。乡村政务服务与市政务服务受理平台全面对接,开通市、县、乡、村四级政务服务事项网上申请,身份证识别、申请材料扫描上传、打印申报成功回执单等一系列操作均可通过终端一次性完成,实现了乡村群众办理市、县两级事项"最多跑一次"。

(2)探索移动终端政务应用。政府宣传推广政务网站、移动应用,将政务网站、移动应用宣传推广触角延伸到基层,拓展政务服务平台服务功能的深度和覆盖范围,实现"村民办事不出村",做到与群众生产生活密切相关的政务服务和便民事项"全部上线、全程在线",积极引导群众使用"掌上办""指尖办",切实提高工作效率,真正实现"办事不求人"。

【案例链接】

政务服务进农村　一网通办送便捷

张家港位于长江下游南岸,临江达海,以港命名,依港兴市。近年来,张家港市充分借助数字化、信息化、智能化技术,聚焦构建城乡一体化政务服务体系,不断推进线上线下融合服务体系建设,实现乡村政务服务全覆盖,服务能力和质效不断提升。

一是建设"互联网+政务服务"体系,行政审批进村入户。建成全市政务服务"一网通办"总平台,实现政务服务业务的全流程协同和统一管理。建成资源集成的证照共享应用平台,率先在江苏省实现身份证和营业执照共享复用。全力推进"流程式"变革,重点围绕群众关注度高、办理量大的高频事项和跨部门、跨层级办理的事项。通过并联审批、信息共享、集成优化等手段，系统重构办事流程和业务流程，梳理优化动物诊疗、农药销售、农村土地流转等500多条审批流程，平均压缩审批环节50%以上。

二是打造"集成式"政务服务模式，"一站式"服务直达村社。加快事项整合、流程再造和信息共享，搭建"一件事"模型，开办动物诊所、开办游泳馆、不动产登记集成服务等分别进驻"一件事"综合窗口。基于乡村企业需求量身定制政务服务套餐，推动企业开办等业务"一窗融合"。加快"全科社工"队伍建设，实现窗口服务有效集成，组织1 284名熟悉社区业务、综合能力强、群众满意度高的"全科社工"踏上工作岗位，打通服务群众"最后一公里"。

三是优化"全方位"人性化服务，"智慧服务"便利村民。积极探索智能导服，搭建"智能问答"系统，率先在江苏省推广政务服务收件"智能问答"服务。推动政务服务入口全面向基层延伸，建设乡镇（街道）便民服务中心9个、村庄（社区）服务站点272个，综合自助一体机69台，助力乡村政务服务"就近办"。针对老年人生病、行动不便等特殊情况，提供"上门"服务，建立健全帮办代办服务体系，全力打造以"市镇村三级联动、全城覆盖无盲点"为特色的帮办代办服务体系，开设市、镇、村三级帮办代办专窗30个。

政务服务高度集成，村民足不出村就能享受"智能化、便捷化、标准化"的政务服务，审批由"串联"变"并联"，材料由"群众交"变"内部转"，办事由"来回跑"变"一窗办"，归集各类电子证照30余万张，满足超80%政务服务场景；市本级93个公共服务事项已实现"全城通办"。便民服务送进家门，累计为老年群体提供"上门"服务50余次，免费提供EMS邮寄服务，为企业群众节省成本152.8万元，完成各类帮办代办服务5 000余件，真正实现村民足不出户就能办成事。

第三节　网上村务管理

网上村务管理的主要应用方向包括村务财务公开及"互联网+村民自治"等。

一、村务财务网上公开

村务财务公开是指村集体经济组织把本村涉及国家、集体和个人三者利益关系的财务处理情况，通过一定的形式（例如，在公开栏发布、电子触摸屏显示、发放资料等）和程序告知全体成员，并由全体成员参与管理、实施监督的一种民主管理行为。

2011年，农业部、监察部印发的《农村集体经济组织财务公开规定》提出，村集体经济组织应当将其财务活动情况及其有关账目，以便于群众理解和接受的形式如实向全体成员公开，接受成员监督。实行村级会计委托代理服务的，代理机构应当按规定及时提供相应的财务公开资料，并指导、帮助、督促村集体经济组织进行财务公开。

村集体经济组织财务公开的具体任务一般由财会人员完成，村务监督委员会负责监督公开。

全面实行财务公开，是做好农村集体财务管理的重要环节，也是民主化、法治化建设的重要内容。坚持民主理财和财务公开制度，可杜绝村干部乱花钱和不合理开支等现象，增强农村集体财务管理工作的透明度。通过民主理财和财务公开，把集体的家底亮出来，打消了群众的疑虑，给群众一个"明白"，还干部一个"清白"，促进党群、干群关系的改善，促进农村稳定和农村

第五章 数字治理

经济的发展。

村集体经济组织财务公开内容包括以下内容。

(1) 财务计划。财务计划包括财务收支计划、固定资产购建计划、农业基本建设计划、公益事业建设及"一事一议"筹资筹劳计划、集体资产经营与处置、资源开发利用、对外投资等计划、收益分配计划，经村集体经济组织成员会议或成员代表会议讨论确定的其他财务计划。

(2) 各项收入。各项收入包括产品销售收入、租赁收入、服务收入等集体经营收入，发包及上交收入，投资收入，"一事一议"筹资及以资代劳款项，村级组织运转经费财政补助款项，上级专项补助款项，征占土地补偿款项，救济扶贫款项，社会捐赠款项，资产处置收入，其他收入。

(3) 各项支出。各项支出包括集体经营支出，村组（社）干部报酬，报刊费支出、办公费、差旅费、会议费、卫生费、治安费等管理费支出，集体公益福利支出，固定资产购建支出，征占土地补偿支出，救济扶贫专项支出，社会捐赠支出，其他支出。

(4) 各项资产。各项资产包括现金及银行存款、产品物资、固定资产、农业资产、对外投资、其他资产。

(5) 各类资源。各类资源包括集体所有的耕地、林地、草地、园地、滩涂、水面、"四荒地"、集体建设用地等。

(6) 债权债务。债权债务包括应收单位和个人欠款，银行（信用社）贷款，欠单位和个人款，其他债权债务。

(7) 收益分配。收益分配包括收益总额，提取公积公益金数额，提取福利费数额，外来投资分利数额，成员分配数额，其他分配数额。

(8) 专项公开事项。专项公开事项包括集体土地征占补偿及分配情况，集体资产资源发包、租赁、出让、投资及收益（亏损）情况，集体工程招投标及预决算情况，"一事一议"筹资筹劳及使用情况，其他需要进行专项公开的事项。

目前，全国多地尝试了村务财务网上公开，常规的解决方案采用浏览器/服务器模式架构，按照县（区）、乡（镇）、村分级管理，在县级城域网中心集中部署，数据同步到市级城域网中心部署的服务器上。村级用户通过访问村务管理系统，实现对本村事务的管理。村级以上用户通过网络登录系统进行数据统计分析及数据上传，在网络基础条件不佳的乡村，还可以提供非网络条件下的单机版部署模式。

【案例链接】

探索农村集体"三资"数字化监管新路径

辽中区位于辽宁省中部，因在古代辽郡以西、辽水以东，宛在中央而得名。随着农村集体三资监管平台的建立和完善，村集体经济组织已基本实现了"三资"的信息化管理。

农村集体"三资"既是群众利益关切点，也是干部监管薄弱点，更是乡村振兴的重要发力点。辽中区以搭建智慧平台为突破口，着力推动农村集体"三资"管理运营的数字化、阳光化、市场化，完成农村数字化乡村管理的"最后一公里"。

一是"多网合一"建平台。建立健全协同推进机制，按照"多网合一"组织构架进行平台设计，规划"三资"管理、清产核资、产权管理等七大功能模块，将农村集体家底数据、交易数据、资金数据纳入一个库。在全区选取潘家堡镇、于家台村、蒲东街道、冷子堡镇等"三资"规模适中、基础较好、代表性强的村镇为试点单位，先行开展"三资"清查、数据录入，做到账清、财清、物清和债权债务清。平台已收录资金信息175 992

条、资源信息2 546条、资产信息21 455条。

二是创新手段强监督。平台运行过程中设置3个公开监控点：乡镇（街道）直接监控点、区级业务部门业务监控点、区纪委监委机关实时监控点，对"三资"总后台进行全方位跟踪监管。创新运用"制度+平台"的监管理念，充分发挥动态监管、自动预警、电子留痕等"三大功能"作用，集体"三资"的管理、使用和处置等环节一律通过平台操作，实时公开各操作环节信息，避免各种违规操作和违纪行为发生。

三是市场运作促增收。坚持把"三资"有效运营、保值增值作为落脚点，全力做好平台使用"后半篇文章"。提高农村集体资产、资源处置知晓面和参与度，破解消息闭塞带来的资源闲置和利用不充分等问题，让农村集体"三资"与市场接轨。通过合理竞价、招投标等方式，让社会资本进入农村市场，将农村集体"三资"转化成为市场资本，盘活存量资源，促进资产保值增值，实现资源价值最大化。

平台建成以来，通过对农村集体"三资"的全面清查，摸清了各村集体资产，理清了债权债务，进一步明确了"三资"的权属关系，杜绝了"三资"体外循环，规范了农村干部的权力运行。平台有效激活了集体"三资"的沉睡状态，推动集体"三资"与市场需求有效对接，畅通了市场化技术路径，促进了资产盘活、保值增值。已在平台完成交易789笔，交易金额合计3 043万元，溢价金额合计327万元，交易面积21 271亩。

二、"互联网+村民自治"

随着社会经济的发展，传统的乡村已由过去的封闭、单一稳步走向开放和多元，流动性的增强也让乡村内部存在一定程度的空心化和异质化。面对深度变迁的乡村，传统的乡村治理模式存在治理主体单一、缺乏有效监管、治理手段乏力、政社互动失衡等问题，明显不能应对新形势下的新挑战。党的十九大提出"健全自治、法治、德治相结合的乡村治理体系"，为乡村善治指明了方向和路径。"互联网+村民自治"能有效解决自治、法治、德治等"三治融合"下流动村民不在场的问题，是推动政府治理、社会调节、基层群众自治，实现良性互动的重要平台和渠道。

村民自治可以通过吸纳农村精英进入农村公共管理系统，培养和造就一个既有领导才干又有公共精神的农村公共管理层。村民自治可以加强农村社会的稳定、团结与整合，促进农村经济的持续发展，传播公民文化。

目前，村民自治仍然存在一些问题，例如，民主选举不规范、村民参与民主决策程度低、村务管理工作未能完全落实民主管理等问题。同时，由于受到传统村务公开手段的影响，公开渠道不够畅通，公开的内容、形式、时间等方面存在不规范的情况，这给村民自治的推进带来了阻碍。

"互联网+村民自治"将互联网等新一代信息技术与村民自治结合起来，通过信息技术手段提升了村务管理的水平，提高了村民的满意度。网上村务公开可以将民主选举、民主决策等功能综合到网络系统平台，以实现民主选举的规范化、公开化、透明化。同时，网络平台扩大了乡村群众的参与度，增加了村民的参与度，网上村务公开也可以自然地实现对村务管理工作的民主监督。

【案例链接】

湖北省宜城市：打造"百姓通"数字平台
探索乡村治理新模式

信息基础设施是数字乡村发展的大动脉，宜城市始终致力于"打造乡村信息高速公路"，信息基础设施建设工作走在全省前

第五章　数字治理

列。全市190个行政村、44个社区已基本实现4G网络全覆盖,初步实现光纤网络全覆盖,100M以上带宽及数字广播电视实现了户户通、可接入。2019年12月,宜城市入选全国乡村治理体系建设试点单位,为推动数字乡村基层治理工作提供了基础保证。

宜城市政府搭建了"百姓通"平台,创建"宜汇办、宜汇说、宜汇管、宜汇建"四大板块,有效推动了"互联网+基层治理"向乡村延伸覆盖,推进乡村治理在线办理,促进网上办、指尖办、马上办,提升人民群众满意度。

一是信息整合,促进事务网上办理。全面梳理乡村群众日常办理事项,设立"宜汇办"模块,根据不同的事项配置相应的在线审批流程,如农技知识在线学习、身体健康在线咨询、便民电话在线查询。

二是人人参与,强化村务信息公开。依托"宜汇说"模块,促进村委会信息公开。村民人人都是信息员,人人都是监督员,村民可以将问题自主上报平台,村里第一时间收到并受理,做到小事快解决、大事商议解决。同时,党务、村务、财务在平台上及时公开,村级集体资产管理、集体资金使用、小微工程建设、农业补助、土地征用等事关群众切身利益的信息全部纳入平台,村民不必再跑到村委会或宣传窗,打开"百姓通"便一清二楚。

三是化解矛盾,实现乡村数字管理。成立了"网上村(居)民委员会",创建积分制管理,村民为乡村建设出谋划策,村委采纳后给予一定的积分奖励。村里的"大事小事麻烦事""以前不知道找谁办的事""拖很久办不了的事",通过"宜汇管"都可以快速办理。

四是示范引领,推动数字基层党建。利用"宜汇建"平台的直播、视频会议功能,线上直播党员大会,流动党员和在外地的本村党员都可以参与进来。数字化永久保存每一次党建工作内容。通过"党务公开""组织生活""党员日记"等一系列话题，形成党员"比学赶帮超"的氛围。

截至2021年7月，平台发布共享信息139 763条，累计处理事件2 784件，90%村民反映的事件24小时内就能处置完毕，村民满意率提升了2.7个百分点，参与率提升3.3个百分点，知晓率提升40.7个百分点。助力疫情防控，通过"百姓通"平台招募自愿参与疫情防控人数2 622人，2021春节返乡"百姓通"健康打卡累计103.76万次。

第四节　基层综合治理信息化

近年来，党中央多次强调创新基层综合治理信息化管理，建立信息化平台，适应现代社会信息化蓬勃发展要求，更加注重运用信息化手段加强社会管理综合治理，实现基层农村社会平安稳定，人民群众更加和谐幸福。

基层综合治理信息化主要包括基层网格化治理、社会治安综合治理信息化和法治乡村数字化等内容，通过将互联网、大数据等新一代信息技术与基层综合治理深度融合，构建立体化基层综合治理联动体系，实施网格化服务管理，提升基层综合治理的"预测、预警、预防"能力，为农村基层预防风险、化解矛盾、打击犯罪和保障农村居民安全等提供有力支撑。

一、基层网格化治理

通过新一代信息技术在公共管理和服务领域的创新应用，将县域内网信、党建、综治、公安、环保、安监、城管、信用、矛盾调解等融入网格治理，构建基层网格化服务管理体系，形成资

第五章 数字治理

源整合、全域覆盖的基层治理格局,实现信息统一采集、矛盾纠纷联调、社会治安联防、重点领域联管、事务处办联动、突出问题联治、为民服务联动、依法治理联抓、平安建设联创,提升乡村治理"精准度"。

省级层面加强统筹规划、机制建设、数据共享和平台互通,构建标准统一的网格化治理平台,依托全国统一的标准地址库、人口数据库、法人库、组织机构库等基础信息大数据资源库,横向集成、纵向贯通各类应用平台的数据、网络,在网格化服务平台下实现一网覆盖、同台作业、协同办公。

县级层面负责建设全县网格化治理平台,并构建县、乡、村三级网格化治理运行机制。开展基层信息化人才队伍和网格员队伍建设和储备工作,划分村级网格,组建网格员队伍,对网格员进行技能培训和管理,提高网格员实战应用水平。为每个网格员配备信息终端,用以开展网格信息采集、上传等活动。

【案例链接】

多举措织密基层网格化治理体系

近年来,自贡市自流井区坚持党建引领,积极探索创新社区治理新模式,织密横向到边、纵向到底的基层网格化治理体系,打造"网格管理团队",推动要素向网格集中、服务向网格集聚、问题在网格解决,形成"人在网中走、事在格中办"的网格化治理新格局。

1. 组织建设在网格

构建"街道党工委—社区党组织—网格党支部—楼院党小组—党员中心户"的党组织架构,推行"支部建在网格上",把网格管理服务功能与基层组织建设相结合,成立网格党支部39

个,实现网格党组织全覆盖。同时,将在职、退休、流动等不同类型党员纳入网格党支部管理,推动实体化运转,加强"睦邻楼栋"建设,发挥党员中心户先锋模范作用,1名党员中心户对接联系5~10户居民,实行日常服务"五上门",实现组织进楼栋、服务进家门。

2. 共治共享在网格

持续发挥街道"睦邻党建"品牌作用,建立"网格呼叫、部门报到、即时动员"机制,对社区呼叫的重大紧急事项,"睦邻联盟"单位即时响应,党员力量快速下沉、冲锋在一线、协同抓处置。积极组织在职党员参与志愿服务活动,以"睦邻驿站"为阵地,多渠道收集社情民意,同步深化小区内物业党建联建,进一步夯实网格治理基础。

3. 创新服务在网格

建强街道综治中心和"网格E通"系统,打造"一站式"矛盾纠纷调解平台,运用网格完成民情数据收集,平台完成任务分派,形成线上收集、线下办理、结果反馈、效能评价的工作闭环。建立涵盖社区干部、网格员、志愿者、派出所民警、社区居民的"网格微信群",提供居民交流沟通新平台,真正打通为民服务"最后一米"。

二、社会治安综合治理信息化

综合运用数据挖掘、人像比对、智能预警、地理信息系统等新一代信息技术建设综治信息化管理平台,面向治安综合治理重点人群和重点事件,开展打击、防范、教育、管理、建设、改造等工作。

省级层面统筹建设综治信息化平台,负责全省数据汇集。建设省级综治视频共享总平台和省级综治中心,为市、县级综治分

第五章　数字治理

平台提供通用业务能力，整合基础地理信息数据以及综治信息资源，将人口、房屋、社区、企事业单位等业务信息与地图相关联，形成综治信息资源"一张图"。

县级层面建设本级平台，负责数据采集上传，根据自身业务需求，按需开发专用业务应用。开展信息采集、登记，依托乡村现有平台开展综合治理工作，与网格化乡村治理系统协同管理，提高村庄治安综治水平。

在治理过程中应加强对网格员、村干部的培训。采用简便、易用的终端进行数据采集，减少一线人员工作压力。

三、法治乡村数字化

利用大数据、云计算等现代信息技术，构建"数字法治、智慧司法"工作体系，为农民群众提供精准化、精细化的公共法律服务，开展网络普法宣传教育。

（一）在线公共法律服务

通过"定时+预约"的形式，借助律师便民联系卡、法律顾问服务群、移动终端等手段，实现法治宣传、法律服务、法律事务办理"掌上学""掌上问""掌上办"，为农村居民提供法律援助、司法仲裁、调解等法律服务。

（二）网络普法宣传教育

利用各级政府网站、公共文化资源服务平台等新媒体平台和免费热线，开展面向农村居民的普法宣传教育。

【案例链接】

广东省兴宁市：打造智慧司法"云"时代

公共法律服务是政府公共职能的重要组成部分，是保障和改善民生的重要举措。为进一步健全兴宁市公共法律服务网络，更好地满足人民群众对公共法律服务的需求，助推全市社会治理体系和治理能力现代化，梅州市兴宁市在2020年启动"智慧司法云"工程，全力打造"智慧司法云"项目。

2018年，兴宁市司法局联合有关单位研发了法律机器人"法通小博士"，并于同年11月在兴宁市公共法律服务大厅、径南镇陂蓬村"公共法律服务工作室"正式到岗待命。

一是开启智慧司法"云"时代。兴宁市径南镇陂蓬村在全国率先引进智慧村居法律服务公共平台。该平台依托前方驻村机器人"律师"和后方专业律师团队，为村民提供法律咨询、远程调解等法律服务，能够有效弥补农村法律资源欠缺等"法治短板"，做到打通"最后一公里"，服务"最远一家人"。

二是拓宽智慧司法"云"覆盖。公共法律服务体系建设是兴宁市重点工作，为建设覆盖城乡的"智慧司法"服务体系，兴宁市在全市建设1个公共法律服务中心、20个公共法律服务工作站与62个公共法律服务示范工作室，打造"司法智慧云"平台，通过"1个平台+N个工具"的云端组合模式，将智能法律服务与人工法律服务相结合，配备网络电话及远程视频，让城乡居民能够与律师、公证员、人民调解员等进行"语音通话"或"面对面沟通"，满足人民群众全区域全天候的法律服务咨询需求。

三是打通智慧司法"云"新通道。通过打通线上平台与线下实体服务平台无缝衔接的新通道，"智慧司法云"实现了人民调解、公证业务、律师服务、社交监管、监所控视等全业务在线申请，全流程在线追踪，让乡村居民不出村就能享受到基本公共法律服务。

"智慧司法云"平台的建设打造，为城乡居民提供了更加便捷、专业、全面的法律咨询服务，助力满足人民群众对美好生活

第五章 数字治理

的需求,增强人民群众美好生活的体验。同时,借助人工智能和司法大数据,满足城乡居民越来越高的法律服务需求。2020年,兴宁市公共法律服务实体平台咨询量达19 835人次,到岗服务人数达27 101人次,业务受理量6 572件,业务办结量6 001件。

第五节 乡村智慧应急管理

乡村智慧应急管理主要包括乡村自然灾害应急管理和乡村公共卫生安全防控等内容。

一、乡村自然灾害应急管理

为了提升自然资源动态监测预警能力,乡村自然灾害应急管理推进自然资源全要素综合监测,扩展自然资源动态巡查应用,充分运用大数据挖掘分析和深度学习技术,拓展业务覆盖的广度和应用的深度,推进乡村自然灾害隐患点可视化管理、精准统计、多维监测、智能分析和科学评估,实现地质灾害预警预报、远程会商、应急处置决策部署。

(一)提升综合风险监测预警能力

乡村自然灾害应急管理能力建设应充分运用大数据、云计算、5G等新技术,逐步建设全覆盖、全领域、全方位、全过程的应急管理全方位感知网络,实现重点场所、区域和台风、暴雨、地质、森林等不同灾种全方位动态感知,推进重大危险源监测预警联网,努力实现实时监测、动态评估和及时预警,提高监测数据动态获取和更新的速度,提升乡村运行安全预警能力。

(二)完善预警信息发布体系

加快数字乡村预警信息发布和应急广播平台建设,充分利用智慧应急广播、移动指挥车、电视机顶盒、专用预警终端及手机

App等现代通信设备与各类新媒体发布灾害预警，实现应急信息分类型、分级别、分区域（省、市、县、镇、村）、分人群的有效精准传播，实现重点时段、重要地区人群的预警信息精细快速定向发布。完善预警信息快速发布和传播机制，聚焦"短临预警"，提高监测预警信息服务的时效性，有效打通信息发布"最后一公里"，让群众做好相应的应急防范措施。

（三）建设一体化应急管理平台

分级别、分区域建设应急管理平台，包括应急指挥调度、应急协同、应急专题等应用系统的建设，同时绘制包含农村地区山区地质灾害、平原防洪抗旱、林区森林防火等在内的农村应急作战数字化地图，建立应急事件预警、指挥调度、善后恢复等全过程工作规程。同时，建设的应急管理服务平台可以互联互通，实现信息的交互、硬件的共享。

【案例链接】

新昌构建数字化应急管理体系
"乡村大脑"智慧防灾

针对自然灾害、事故灾难、城市救援等突发事件，2020年12月，浙江省绍兴市新昌县基于"应急大脑、智慧预案"的模式，研发上线新昌县自然灾害智慧应急平台——"乡村大脑"系统，实现应急管理的全时空态势监控、智能化管理决策、人性化精准服务。

该平台对接该县大数据局、水利、气象、公安等部门20多个系统的数据，集成了新昌县应急指挥一张图，图上加载应急对象、救援力量、救援物资等多方面的数据资源。如针对全县地质灾害风险点，系统可以提供每个风险点照片，还能支持风险点全景展示。当地质灾害发生时，通过前方物联网传感器，系统会自

第五章 数字治理

动发出预警信息,通过短信等方式第一时间通知预警群组人员。

同时,"乡村大脑"系统会根据受灾位置自动分析查看周边的重要基础设施、避难场所、救援力量等。系统还会自动跟踪,可在图上查看救援人员、车辆的具体位置,实时跟进救援全过程,做到救援前方、后方的信息共享无缝对接,确保指挥调度科学、高效。

通过构建数字化应急管理体系,推动自然灾害风险"精准智治",将险情掌握提前一步、风险化解提前一步,不仅有效节约应急救援成本,还最大限度保障人民群众的生命财产安全,大幅提升了治理效能。

二、乡村公共卫生安全防控

乡村公共卫生安全防控以基层卫生信息工程为基础,创新基层卫生信息管理的服务模式,推进基层卫生系统的信息化,加强基层医疗机构管理。基层卫生重点工作是整合现有资源,加强基层卫生管理信息平台建设,消除信息壁垒和"信息孤岛",实现基层卫生管理信息跨机构、跨区域、跨领域互联互通、共建共享和业务协同。

数字乡村应充分运用大数据、云计算、5G等新技术,建立主动性的公共卫生防控体系,解决乡村地域广阔带来的人员管理不便、公共卫生事件发现滞后等问题,引导村民开展自我卫生管理和卫生安全防控,构筑乡村公共卫生安全数字化防御屏障。建立统一的突发事件风险监测与预警信息共享平台,及时向群众传达最新的公共卫生政策和突发公共卫生事件进展等信息。

省级层面负责建设健康医疗大数据中心,实现跨业务系统数据融合,有效整合医疗运营的各类信息资源,实现医疗运营领域的全方位监测。整合公安、消防、医疗等领域的信息资源,通过多样化分析手段，实现全方位、立体化的公共卫生安全态势监测，提升综合疾病防控能力和公共卫生安全保障能力。

县级层面负责建设公共卫生信息采集平台，对医院、学校、村镇集市等重点防控区域的突发公共卫生事件进行实时监测。基于网格对重点区域的人员、物资等进行信息联动，综合监测重点区域的实时态势，对接地理信息系统和疾控、医疗、消防、应急等多部门现有的业务系统，对重点人员的数量、流向、地域分布、行动轨迹等信息进行可视化分析和研判。

第六章　数字生活

第一节　智能家居

一、智能家居的概念

智能家居是以住宅为平台，利用综合布线技术、网络通信技术、安全防范技术、自动控制技术、音视频技术将家居生活有关的设施集成，构建高效的住宅设施与家庭日程事务的管理系统，提升家居安全性、便利性、舒适性、艺术性，并实现环保节能的居住环境。

智能家居其实有两种语义。第一种语义描述的以及通常所指的都是智能家居这一住宅环境，既包括单个住宅中的智能家居（通称为智能住宅），也包括在房地产小区中实施的基于智能小区平台的智能家居项目。第二种语义是指智能家居系统产品，是由智能家居厂商生产、满足智能家居集成所需的主要功能的产品，这类产品应通过集成安装方式完成，因此完整的智能家居系统产品应是包括了硬件产品、软件产品、集成与安装服务、售后在内的一个完整服务过程。

智能家居可以提供如下服务。

（1）始终在线的网络服务，与互联网随时相连，为在家办公提供了方便条件。

（2）安全防范。智能安防可以实时监控非法闯入、火灾、煤气泄漏、紧急呼救等。一旦出现警情，系统会自动向中心发出报警信息，同时启动相关电器进入应急联动状态，从而实现主动防范。

（3）消费电子产品的智能控制。

（4）交互式智能控制。可以通过语音识别技术实现智能家电的声控功能；通过各种主动式传感器（如温度、声音、动作等）实现智能家居的主动性动作响应。

（5）环境自动控制。如家庭中央空调系统。

（6）提供全方位家庭娱乐。如家庭影院系统和家庭中央背景音乐系统。

（7）现代化的厨卫环境。主要指整体厨房和整体卫浴。

（8）家庭信息服务。管理家庭信息及与小区物业管理公司联系。

（9）家庭理财服务。通过网络完成理财和消费服务。

（10）自动维护功能。智能信息家电可以通过服务器直接从制造商的服务网站上自动下载、更新驱动程序和诊断程序，实现智能化的故障自诊断、新功能自动扩展。

二、乡村常见智能家居类型

（一）节能环保类

采用绿色环保材料，结合智能家居系统实现家庭能源管控、生活用水管控、空气污染控制等多种功能，实现节能环保。

（二）安全保障

通过智能家居系统实现家庭安全管理，包括视频监控、门禁控制、火灾报警等多项功能，有效保障家庭安全。

（三）舒适生活

通过智能影音系统、智能调光、智能空调、智能地暖、智能卫浴等多种功能,提供舒适的生活环境。

(四) 健康生活

通过智能空气净化、智能家居养生、智能生活垃圾管理等多项功能,实现健康生活。

【案例链接】

智能家电加速进乡村　农村生活被赋能

吃得健康、穿得舒适、用得方便。近年来,乡村消费升级态势明显,不仅有量的增长,还有质的提升。

家住福建龙岩市永定区湖雷镇弼鄱村的徐瑞杭选购了一台智能空调,作为送给家人的礼物。

福建龙岩市永定区湖雷镇弼鄱村村民徐瑞杭说:"它'智能化'这一块做得非常好,我回家之前,就可以打开手机 App,设定好想要的温度,回家后直接可以享受空调带来的舒爽。"

在徐瑞杭的家里,大大小小的"智能"家电足足有40多件,从客厅的煮水壶到厨房的电饭煲再到卧室空调,徐瑞杭的家用电器基本实现"智能化"。像徐瑞杭一样,随着农村百姓生活水平的不断提高,农村生活的方方面面不断被智能家电赋能。

一家主营家电的电商平台数据显示,2020—2021年,县域及以下市场的智能家居成交额同比增长领跑其余各级市场,达到135%。一些典型的智能家居产品在县域及以下市场得到了认可,烟雾报警器、自动窗帘、扫地机器人、自动吸尘器、防盗摄像头等产品都取得了年度成交额同比增长超100%的发展。

第二节　智慧医疗

"互联网+医疗健康"主要包括农村医疗机构信息化、乡村远程医疗等内容，是将互联网等信息技术与传统医疗健康服务深度融合而形成的一种新型医疗健康服务业态，通过开发新的医疗健康应用、创新医疗健康服务模式，解决区域医疗资源分布不平衡、不充分的问题，为乡村地区带来优质的医疗资源，提升乡村医疗服务的普惠性和通达性。

一、农村医疗机构信息化

运用基础信息通信网络、信息化医疗设备等，打通省、县、村三级医疗机构的信息流通渠道，为实现远程医疗、分级诊疗等"互联网+医疗健康"模式提供基础保障。省级层面建设基层医疗卫生机构信息系统，将信息系统与相关条线业务管理系统进行整合，实现省、县、村医疗卫生机构的信息互通。指导电信运营商在农村基层医疗机构延伸覆盖高速宽带网络。县级层面推进乡村卫生院等机构的信息化建设，接入省级基层医疗卫生机构信息系统，实现与省医院和县医院的数据连通。以县级医院为龙头，鼓励联合辖区基层医疗机构建立"一体化"管理的县域医共体。建立县域内开放共享的影像、病理诊断、医学检验、消毒供应和医疗废物垃圾处理等中心，打通县域内各医疗卫生机构信息系统，实现县域内医疗卫生机构之间信息互联互通、检查资料和信息实时共享，以及检验、诊断结果互认。

农村医疗机构信息化的主要形式包括村医工作站、人工智能移动医生系统等。

（一）村医工作站

村医工作站展示村医最近的工作内容（例如每日门诊量、用药情况等），方便医生快速定位当前的工作与重点工作；对门诊挂号、诊中患者、诊后患者管理进行集中展示，快速定位患者信息，完成智慧化的接诊管理；支持多模态录入患者病历信息，例如，智能问诊、联想输入等。在所有病历信息录入完成后，AI智能地对患者病历信息进行质检，并对规范的病历做诊断质检、诊断推荐。AI 的深入运用，提高了基层的诊疗质量，也可以使医生根据患者症状，为患者开具相应的药方或开展相应的治疗，并生成收费单据。便捷的收退费管理方式帮助村医以更现代化、科学化、规范化的手段来加强管理，从而提高工作效率。

(二) AI 移动医生系统

AI 移动医生系统主要通过可移动的手机端进行医院事务的管理，通过多种方式登录系统，进行海量药品、疾病字典、教科书指南资源等的医学检索，同时支持患者历史病历查询等功能。AI 移动医生系统也可以利用全能智能语音助手进行查询、统计、提醒、日常问答；进行患者全景诊疗数据展示，方便医生掌握患者的个人信息、就医历史、检查检验结果等全方位的信息。

二、乡村远程医疗

远程医疗是指计算机技术、通信技术与多媒体技术同医疗技术相结合，旨在提高诊断与医疗水平、降低医疗开支、满足广大人民群众保健需求的一项全新的医疗服务。城市地区医疗机构利用远程通信技术，为乡村居民提供远程专家会诊、辅助开药等医事服务，对基层医生提供远程指导与教学等服务。

(一) 远程专家会诊

在我国大部分医院，远程医疗主要由远程专家会诊系统这一综合性的系统来支撑。该系统能够提供远程医疗的大部分服务，包括远程会诊管理、病历资料采集、远程专科诊断、远程监护、视频会议、远程教育、远程数字资源共享、双向转诊及远程预约等。基于网络医院平台或 App，乡村基层医生可以"一键申请"远程会诊，在两级专家远程"手把手"指导下，为患者进行诊断和开具处方。

(二) 远程培训与指导

借助远程医疗服务平台,省级医院的专家教授通过直播授课、直播互动等方式对偏远地区基层医生进行远程教学,指导基层医生进行临床诊疗。基层医生也可主动通过平台开展病例讨论、手术观摩等,打造基层医生进修的"云课堂"。

省级层面建设远程医疗业务网,连接省级远程医疗管理平台、省级远程医疗中心、县级远程医疗中心、乡镇卫生院和有条件的村卫生室远程医疗点等,实现视频、影像、电子病历等远程医疗业务数据的传输和共享。在省、市、县三级医疗机构建立多个专科远程诊断或会诊中心,向全省县级和基层医疗机构提供急危重症、疑难病症、专科医疗的远程医疗服务,并承担远程医学培训和突发公共卫生事件、紧急医疗救援任务的远程支持工作。

县级层面推进建立县级远程医疗中心,配置病历资料、体征数据采集、视音频实时传输、会诊管理等软硬件设备,接入省级远程医疗平台。乡镇卫生院远程医疗点配备远程问诊(会诊终端)、影像、心电采集和传输设备,接入远程医疗平台,通过互联网络,接受上级远程医疗诊断服务,在上级医生的指导下提供慢性病管理、康复、家庭护理等服务。鼓励有条件的村卫生室开展远程医疗试点,配备远程问诊或会诊终端。

【案例链接】

陕西省镇巴县:"数字乡村+健康"探索与实践

镇巴县地处大巴山腹地,位于陕西省南端,汉中市东南隅,境内万山重叠,山势陡峻,沟壑纵横,自然条件较差。近年来,镇巴县针对各医疗卫生机构间信息共享不充分、医疗协作难开展、便民惠民不到位、综合管理不便捷等突出问题,充分考虑未

第六章　数字生活

来发展趋势，打造镇巴县"横向到边、纵向到底"的医疗卫生体系，充分运用大数据，推动"数字乡村+健康"发展，实现了"让信息多跑路、群众少跑腿"的目标。

镇巴县积极打造"数字乡村+健康"，让大山深处28.9万群众享受最新医疗科技福利。

一是整合系统资源，为全民健康提供有力保障。近年来，镇巴县积极推进全民健康信息化工作，建成了覆盖全县医疗卫生机构的信息网络，建立了以涵盖区域HIS、公共卫生服务、妇幼保健、计划免疫等为主要内容的全民健康信息平台，实现了电子化办公，工作效率和业务能力得到明显提高，医务人员就诊行为更加规范，群众看病就医更加便捷。

二是开发签约系统，实现签约服务智能化。自主研发了信息管理系统，家庭医生在开展签约服务随访过程中，通过手机App实时上传随访服务内容，实现了家庭医生签约服务动态化、可视化管理，进一步提升了家庭医生服务效率和质量。同时，将全民健康信息平台与第三方短信平台绑定，让家庭医生更方便、快捷地了解掌握签约服务对象的实时动态，及时开展签约服务随访工作，真正体现惠民为民的服务宗旨。

三是开展远程医疗，让群众就医更有获得感。依托县级医疗卫生单位建立了远程医学教育培训、区域影像、检验、心电、远程会诊中心，为部分基层医疗卫生机构配备了CT、CR、DR和彩超等设备，有效解决了基层技术薄弱和边远群众看病难、治病难等问题。

四是赋能"互联网+"，实现公共卫生无纸化。以公共卫生服务系统为基础，取消纸质表单记录，实行电子化管理12项31种；实现了居民健康档案向个人开放，居民可通过网站、公众号等载体，进行个人健康档案、就诊、公共卫生服务、检验检查等信息查询。

截至 2020 年,全县县级公立医院门诊、住院人次稳步增加,2 所县级医院平均住院日连续 3 年呈下降趋势,门诊次均费用增幅低于控制指标,住院次均费用平均下降 18.23%。县域内就诊率测算达到 91.5%,基层就诊率达到 60%。

第三节 智慧养老

一、智慧养老的概念

智慧养老是在全国智慧城市建设的背景下提出来的,是指利用信息技术等现代科学技术(如互联网、社交网、物联网、移动计算等),围绕老人的生活起居、安全保障、医疗卫生、保健康复、娱乐休闲、学习分享等各方面支持老年人的生活服务和管理,对涉老信息自动监测、预警甚至主动处置,实现这些技术与老年人的友好、自助式、个性化智能交互。

智慧养老在智能化养老的基础上进行延伸。它不仅包括智能化,而且强调利用老年人的智慧。"智能"更多体现为技术和监控,会让人感觉是受控制,而智慧养老的"智慧"更突出"人"以及灵活性、聪明性,更强调人性化。"智慧"主要体现在两个方面:一方面在技术上,在满足老年人多样化、个性化需求基础上,通过可穿戴设备等技术,在不介入老人生活的情况下,提升其生活品质;另一方面在理念上,强调丰富老年人的精神生活,充分发挥老年人的智慧,将科技与老年人智慧结合,鼓励老年人积极地应用信息技术,开展线上线下活动,发挥经验智慧,让老年人过得更幸福、更有尊严、更有价值。

智慧养老包括 3 个层面。

（1）在老年人的物质生活层面，可以让老年人能够得到很好的支持。

（2）在老年人的精神生活层面，可以丰富老年人的精神生活。

（3）发掘和利用老人的智慧，可以让老人依然可以发挥自己的余热，实现个人价值。

智慧养老有多个层面的内涵。从个体老人来说，应该成为"智慧老人"。从周围的环境来说，要成为智慧家居、智慧型村镇服务中心、智慧型养老机构。从政府来说，要为智慧养老创造很多条件，比如统一社保卡、医疗费用异地报销。智慧养老能给整个养老体系带来一些更加高效的改变，让老人及其子女更加方便，为未来劳动力减轻负担。

二、智慧养老的优势

我国养老服务总体需求量大、种类多，尚未形成围绕老年人需求的全面服务体系，需要从物质、精神、服务、政策、制度和体制等方面进行创新。通过建立一种新型的养老服务模式，为老年人提供及时、便捷、专业化、人本化、全方位的健康服务，促进养老服务产业的发展。

作为按技术支撑水平分类中目前最高级的养老模式，智慧养老具有传统养老模式所不具有的如下优势。

（一）科技领先

智慧养老体现了信息科技的集成。它融合了老年服务技术、医疗保健技术、智能控制技术、计算机网络技术、移动互联技术以及物联网技术等，使这些现代技术集成起来支持老人的服务与管理需求。

（二）人性化

智慧养老体现了以人为本的思想。它把老年人的需求作为出发点，通过高科技的技术、设备、设施以及科学、人性化的管理方式，让老年人随时随地都能享受到高品质、个性化的服务。

(三) 优质高效

智慧养老体现了优质高效。它通过应用现代科学技术与智能化设备，提高服务工作的质量和效率，同时又降低了人力和时间成本，可以用较少的资源最大限度地满足老年人的养老需求。这些智能设备通过相应的适老化设计，可以完成人工不愿做、人工做不好，甚至人工做不了的服务，为破解未富先老和无人养老（主要指没有人愿意做护理人员）两个困局提供了思路和途径。

三、智慧养老远程看护服务

智慧养老远程看护服务系统不仅可以为老人提供更好的照顾，同时也可以减轻家庭照顾负担，提高老人的生活质量。

(一) 实时监控

智慧养老远程看护服务系统可以通过安装摄像头、传感器等设备，实时监控老人的生活状况。这样，家属和看护人员可以随时了解老人的情况，及时发现异常情况并采取相应措施。系统还可以记录老人的行为习惯，比如起床时间、吃饭时间等，为老人提供更加个性化的服务。

(二) 医疗服务

智慧养老远程看护服务系统还可以提供医疗服务。通过视频通话等方式，老人可以随时与医生进行沟通，咨询健康问题，并得到专业的建议和治疗方案。系统还可以为老人预约医院、开具处方、送药上门等，为老人提供更加便捷的医疗服务。

(三) 社交互动

智慧养老远程看护服务系统可以为老人提供社交互动的平

台。老人可以通过系统与其他老人、家人、朋友进行视频通话、文字聊天等，分享生活经验、交流感受，缓解孤独感。系统还可以为老人提供各种娱乐活动，比如听音乐、看电影、玩游戏等，丰富老人的生活。

（四）安全保障

智慧养老远程看护服务系统可以为老人提供安全保障。比如，系统可以通过智能门锁、烟雾报警器等设备，确保老人的居住环境安全。系统还可以为老人提供紧急救援服务，比如老人不慎摔倒、突发疾病等情况，系统会自动向家属、医生等发送警报，确保老人得到及时救援。

【案例链接】

重庆市大足区："互联网+智慧养老"实践与创新探索

大足区位于重庆西部，全区现有 60 岁以上老龄人口 20.97 万人，养老床位 7 432 张，街道、社区养老服务设施实现全覆盖，2019 年被列为全国第四批居家和社区养老服务改革试点地区。近年来，大足区积极响应关于加强智慧民政建设的要求，建设了以智慧养老为重点的智慧民政系统，打造"区—镇街—村（社区）"互联互通的智慧养老服务体系，开展线上线下结合的养老服务和农村互助养老服务。

一是整合资源、夯实基础，建立养老服务数据库。依托重庆市首个智慧民政系统平台，对全区高龄、独居、空巢、失能等特殊困难老年人开展摸查，绘制集老年人动态管理数据库、老年人能力评估等级档案、养老服务需求、养老服务设施于一体的"关爱地图"，有效整合社会资源、政府资源、信息资源等各类养老服务资源，实现养老服务信息共建共享。

二是以人为本、农村互助，探索养老服务新模式。坚持"区级指导、镇街主导、村级主办，政府支持、社会参与、因地制宜""农村互助、邻里自助、社会共助"原则，依托镇街养老服务中心、村级养老互助站等养老服务设施，在首批 122 个重点村（社区）试点推行农村社区互助养老模式，培育起 122 支养老服务互助队伍和 5 000 余名邻里互助人员，建成"村（居）委会+居家养老服务+医养结合服务+社会志愿服务"的运行方式，探索开展"积分兑换"制度，开展"互助+自助+共助"服务 1 万余人次。

三是智慧引领、网络助力，开展"互联网+养老"服务。通过老人个人健康管理和健康数据人工智能分析业务应用，实现老人健康电子档案管理、体检报告管理、健康大数据分析服务。建立智慧养老呼叫服务中心，整合为老服务资源，委托第三方为首批近 4 600 名城乡低保、特困、空巢等困难老人提供服务，服务涵盖紧急援助、主动关爱、健康管理等线上支持和助洁、助餐、助浴、助行等线下上门等内容，实现服务派单、工单跟踪、服务项目和服务评价的整合。

四是全程管理，保障质量，推行养老服务在线监管。利用智慧民政平台，结合机构视频监控、消防报警设施，实现对养老机构远程、实时、动态、高效的日常安全监督、管理，加强对机构的安全管理体系建设、消防安全保障和突发事件应急管理，建立养老视频监管中心，全区 52 家养老服务机构、各级社区养老服务设施的公共区域视频均接入监管系统，为安全教育与培训、安全巡检监督、防灾控灾工作开展提供技术支撑，实现机构安全和服务质量全过程实时监管。

大足区智慧民政平台通过构建统一智慧养老服务体系，实现了虚实结合、线上线下协同、多渠道感知、多元服务主体共存、多类养老模式融合的新型养老管理服务模式。截至 2021 年 6 月，已采集完成全区20.97万名老人基础信息,整合173家养老服务设施,为4 600余名农村困难老人购买了智慧养老居家服务,已在122个村建立起互助式养老模式,向全区老人提供养老顾问服务,基本实现养老服务基础数据、养老服务业务和服务质量监管的智能分析应用,全面提升了全区养老服务"智慧化、一体化、协同化、标准化、产业化"水平,助力大足智慧民政体系成为全市标杆。

第四节 互联网+教育

"互联网+教育"通过将互联网等新一代信息技术与教育深度融合,推动乡村学校网络覆盖、城市优质教育资源与乡村对接,实现城乡教育资源均衡配置。"互联网+教育"主要包括乡村学校信息化、乡村远程教育、乡村教师信息技能提升等内容。

一、乡村学校信息化

由于乡村学校特殊的地理位置,教育环境相较城镇学校落后。随着互联网在农村的普及和发展,乡村的学校里逐渐有了计算机房,教室里配备了多媒体设备,例如,投影仪、电子屏、计算机等,打造了简易的多媒体教室。"互联网+教育"模式在乡村展开,丰富了乡村学校的课程。

"互联网+教育"为乡村学校打开了一扇新的教育大门,改变了传统的"围墙"式教育,为师生提供了一个开放式的学习平台,突破了时间和空间的限制,弥补了乡村教育的"消息鸿沟""地域鸿沟""数字鸿沟"。互联网可以让乡村学校体验到城市学校的教育资源,学生可以在课堂内外学习到丰富的网络课程，老师有更全面的备课资源，授课方式也更加智能化，有效地提升了教学质量和水平，推动乡村教育的创新。

"互联网+教育"改变了乡村学校的教育模式，改变了老师和学生的角色定位，二者的界限不再严格分明。在传统的乡村教育模式中，教师和教材是知识的来源，具有极大的权威性。学生是知识的接收者，教师在课堂中扮演主导角色，控制课堂的发展，学生接受知识非常被动。"互联网+教育"在乡村的应用，可以让学生自主获取教材知识，同时开阔眼界。在这种模式下，教师既是教育教学的研究者、知识的传播者，又是"学生"，也需要不断补充丰富与教材相关的知识。学生能够随时随地独立自主学习，自己制订学习计划，对学习结果进行自我评估，在课堂上提出更多的问题与教师探讨，在交流中成长。学生借助互联网可以看到外面的世界，看一看资讯、搜一搜时事、查一查史实，获取知识的方式不再只局限于教师的讲解，而是在此基础上有了自己的体会，例如，可以了解每篇课文的写作背景，从而体会到作者的心路历程。借助互联网，教师上课的方式也发生了转变，其授课形式多样化，与学生的互动性增强，师生之间的联系更加紧密。

二、乡村远程教育

（一）乡村学校远程教育

远程教育是学生与教师、学生与教育组织之间主要采取多媒体方式进行系统教学和通信联系的教育形式，是将课程传送给校园外的一处或多处学生的教育。在这种模式中，教师在主讲教室真实地讲课，讲课的画面可以通过互动录播系统实时传送到远端听课教室的互动大屏中；主讲教室内通过交互显示屏显示本地画面（教师画面、计算机画面）、远端教学点画面、互动输出画面和学生答题画面，方便教师实时把控整个课堂的进程，了解授课效果；教师可以通过交互录播系统与同学进行在线实时互动，真正实现教师与学生即时互动与学习交流。在互动过程中，教师可以实时观察远端听课的学生，与学生实时交流，为学生答疑解惑，让乡村学生享受到优质的教育资源。

对于教师来说，其可通过视频会议开展日常教研活动，在学校间、区域间互相交流经验，达到提高自身教学水平的目的。为了不流于形式，要将活动普及化，通过平台灵活快速地组织教师们进行评课和观摩，也可以让地区教育部门及校领导了解乡村教师的日常教学情况。

(二) 村民远程教育

远程教育同样适用于村民。远程教育可以推动村级党组织的组织力提升，可以作为农村党员干部新的学习形式，加强宣传教育和管理服务，不断推进党员远程教育工作范围广覆盖、形式多样化、内容"接地气"。

远程教育也可以聚力村级集体经济高质量发展，推动产业振兴，吸引人才返乡，推动人才振兴，逐渐形成"远程教育+人才振兴、远程教育+产业振兴"模式。指导各村结合实际情况，修订完善本村的产业规划，采用群众一听就懂、一看就会的方式进行学习。例如，可将种养大户发展为远程教育示范户，传授致富经验，帮助村民发展产业，不断提升远程教育工作整体水平及学习和使用的效果，增强群众致富本领，为产业振兴注入一剂强有力的助推剂。

近年来，乡村的农业、种植业、渔业等产业发展迅速，各种现代化设备不断应用到这些产业中。村民可以通过远程教育学习新的知识，学习设备的使用方法，也可以通过视频会议远程进行技术培训，更快地融入信息化的潮流。

【案例链接】

天湖街道马村村:"远程教育+"
谱写乡村振兴曲

2022年以来,天湖街道马村村始终以远程教育助推乡村振兴为目标,坚持党建引领、远程教育与各项重点工作相结合来发挥"远程教育+"实效,同时,不断提升远程教育服务群众的质量和水平,为乡村振兴注入活力。

"远程教育+思想建设",定好红色主题。充分发挥远程教育宣传、教育功能,结合"三会一课""组织生活会""主题党日"等形式,组织党员群众集中观看《榜样》《满腔热血 仍是少年》《觉醒年代》等一批创新优秀作品,为党员群众输送红色影片,传播红色思想;按照"月计划"定时播放远教视频,保持远教站点正常开放,持续涵养党员群众政治素质;通过"红色电影播放季"活动,提高优秀作品推送频率,深化远教影响力;结合自然村位置特点,新建两个支部活动室,配齐远教设备,扩大远教辐射面积,便捷党员群众实时学。

"远程教育+人才培养",编好示范主题曲。注重发挥乡土人才示范引领作用,让村内种植养殖大户接触远程教育平台,系统学习农业技术、畜牧和水产养殖相关知识,学习先进村种养殖成功经验,丰富他们的种养殖理论体系,增强知识储备;让有一技之长的"土专家""田秀才"走进"田间课堂",分享种养殖经验,指导同产业村民变化产业方式,促进产业增收;让无职党员成为远教送学主体,深入田间地头,将病虫害防治、农技科普、法律法规、惠民政策等的"微视频"、口袋书、宣传单送到村民面前,打通远程教育"最后一公里",使村民学习、生产两不误。

"远程教育+服务群众",填好惠民主题词。切实提高党员干部服务意识,利用远教平台找差距,补"短板",引导党员干部照着学、跟着做,比着干。观看农村改厕相关视频,助力厕所革命,现已累计完成259户家庭改厕,切实提高群众生活质量和健康水平;观看环境治理类视频,提高环境治理标准,落实河长、林长责任制,有效守护绿水青山;观看改善民生相关视频,积极争取民生工程项目资金,用于规划马村八组、马村九组村庄建设,着力提高八组、九组宜居建设水平;观看服务群众类视频,开展困难帮扶、疫情防控、文化宣传等种类丰富的志愿活动,提高党员干部为民服务的积极性和自觉性。

今后,马村村将继续推动"远程教育+"建设,让远程教育在聚民心、长知识、富群众上发挥更多实效,合力唱响乡村振兴曲。

三、乡村教师信息技能提升

通过示范、培训等手段提升乡村教师应用互联网等信息技术开展教育教学工作的能力。可推动城市优秀教师与乡村教师通过网络研修、集体备课、研课交流定向帮扶提升,也可引导乡村教师主动利用网络学习空间、教师工作坊、研修社区等线上资源提高信息技术应用能力。

省级层面依托中央电教馆"教研共同体协同提升试点项目",组织城市优秀教师专家团队开展网络直播,组织农村学校教师参加线上讲座培训。依托全国中小学教师信息技术应用能力提升工程2.0、国培计划、省培计划,因地制宜开展乡村教师信息化教学示范培训,开展名师网络课堂和远程协同教研相结合的"双师教学"模式教师培训改革。发掘基于信息技术支持的优秀教学示范案例,向乡村学校推广。

县级层面组织城乡学校开展校际合作，通过"结对子"、建立"双师工作坊"、双方教师组成协同教研共同体等方式，实现"双师教学"模式教师培训改革。县级教育部门应对农村学校教师信息技术应用能力提升工作进行过程督导和质量评估，并将评估结果纳入学校综合考评。

【案例链接】

浙江系统提升乡村教师信息技术应用能力水平

2020年8月7日，浙江省教育厅发布通知，组织实施全省中小学教师信息技术应用能力提升工程2.0建设，全面推进教师信息化教学实践创新。通知提到，将以混合式培训与协同研修的形式提高乡村教师信息技术应用能力水平，促进城乡学校信息化应用水平均衡发展。

浙江省建立信息技术应用能力培训团队，选拔一批信息技术应用能力突出的学科骨干教师、教育技术部门专业人员、教研员、师训管理人员、高校教育技术专家等，组建培训者队伍，开展培训团队专项培训。在培训团队的指导下，学校根据制订的信息化发展规划，设计教师研修计划并选择适合的教师培训机构，通过集中培训、网络研修、实践应用等多种形式相结合，开展教师选学、校本研修和区域教研。

在培训支持服务体系建设上，浙江省将多渠道汇聚教师信息素养提升的教育资源，积极引入云计算、人工智能等前沿技术支持的实物情景和实训操作等培训资源以及一线优秀教师参与研发的课程资源，汇聚一批信息技术融合创新的优秀案例、精品课程、示范项目，建立共享的区域和学校研修社区、教师工作坊和个人网络学习空间，帮助、指导各地完善教师研修服务平台。

浙江省教育厅提出，浙江省将以远程专递课堂、城乡同步课堂等推动"城乡教育共同体"和"互联网+义务教育"实验区建设，整合资源向海岛、偏远山区、小规模学校倾斜，协同推进技术与教学深度融合，优化乡村学校信息技术应用环境，提升乡村教育教学质量。

第七章 乡村网络文化

第一节 乡村网络文化阵地

乡村网络文化阵地建设是指将网络媒体作为社会主义先进文化在乡村地区传播的有效渠道,通过主流思想网上传播、县级融媒体中心建设、乡村特色文化宣传、乡村基层文化服务机构信息化,巩固乡村思想文化阵地。

一、主流思想网上传播

乡村地区是主流意识形态传播的关键阵地,需要在乡村振兴视角下对主流意识形态传播的现状、缘由、路径加以审视。当前,乡村地区主流意识形态传播存在受众多元化、内容宽泛化、形式单一化等问题。因此,要想提升主流意识形态在乡村地区的传播效果,必须区分群体,进行分类传播,扩大受众的覆盖范围;围绕农民切身话题,增强传播内容的针对性;正面引导网络舆论,打造有序的传播空间。

沿用传统媒介传播主流意识形态难以满足农民群体多元化的信息需求,农村主流意识形态传播主要依靠广播、电视、墙壁宣传等传统媒介,广播大多是用来下发通知的,电视节目大多是用来推介商业信息的,节目定位和内容与主流意识形态缺乏内在关联,墙壁宣传传递信息有限,且缺乏灵活性、针对性,难以激发

第七章 乡村网络文化

农民群体特别是广大年轻人的兴趣。另外,新型媒介利用不足,主流意识形态在农民群体中的话语权和影响力不足。微信群仅停留在政策通知层面,农民成为被动的信息接收者。在抖音、快手等新兴媒介方面,农民群体较为主动,在运用智能手机进行娱乐消遣时,辨别力较低,广泛转发标题亮眼、内容品质不高的短视频,较少关注主流意识形态的内容,如果任其发展,则会影响和冲击主流意识形态传播的网络阵地。

在乡村进行主流思想网上传播时,当地部门可以结合重大纪念活动进行故事讲述,利用微信公众号和抖音、快手等短视频平台进行宣传,例如,借助 2021 年中国共产党成立 100 周年的契机,做好革命先辈典型事迹、精神力量、道德品质的挖掘与宣传工作,或围绕党史上的重大事件进行解读,使村民感受到创造美好生活离不开党的领导,增强其对党的执政认同与信心。另外,基层组织还可以坚持"身边事教育身边人"的原则,运用村民身边的典型人物、典型事件进行宣传,特别是通过生活条件的今昔对比,引导村民认同党的路线方针政策。

在乡村地区,网络空间已成为农民群体生产生活的新空间,占领网络空间阵地是主流意识形态传播的必然之举。一是基层组织要主动深入自媒体空间,传播正能量。基层组织除了发挥电视、广播等传统媒介的优势外,还要在村民微信群中发布官方新闻以提升村民辨别是非的能力,要在抖音、快手等短视频平台上主动发声,传播主流声音,提升村民对官方信息的认同与信任。二是要鼓励农民创作主旋律作品,弘扬真善美。乡村地区智能手机的广泛普及是挑战,也是机遇,关键在于如何引导。基层组织可以举办以重大纪念活动为主题的自媒体作品大赛,将物质激励与精神鼓励相结合,定期在村里举行展演活动,提升村民参与的主动性与积极性,在潜移默化中使主流声音入脑、入心、入行,提升主流意识形态传播的趣味性和时效性。

二、县级融媒体中心建设

在2018年8月召开的全国宣传思想工作会议上,习近平总书记明确提出,要扎实抓好县级融媒体中心建设,更好引导群众、服务群众。这为县级融媒体中心的建设发展提供了依据。

2019年1月,中宣部和国家广播电视总局联合发布的《县级融媒体中心建设规范》指出,县级融媒体中心应按照"媒体+"的理念,从单纯的新闻宣传向公共服务领域拓展,增强互动性,从单向传播向多元互动传播延伸,将媒体与政务、服务等业务相结合,提供多样化的综合服务,满足用户多样化的需求,开展"媒体+政务""媒体+服务"等业务。

建设及发展县级融媒体中心,不是单纯地整合县域内的网站、广播电视、微博、微信公众号、移动新闻客户端、报纸等媒体,不是简单地将新媒体和传统媒体拼凑、组合起来,而是要将报刊、电视、广播等和依托互联网的新兴媒体有效结合,利用多样化的传播形式与渠道,向受众广泛传播新闻资讯等信息,从而构建起宣传互融、内容兼融、资源通融的新型媒体。

县级融媒体中心主要承担政务服务、公共服务、商务服务3类功能。

(1)政务服务主要是为政务服务部门和基层群众搭建政府服务事项宣传、申请和处理等服务。对政务服务单位而言,通过安排专人做客融媒体中心,为基层群众解读各项政策疑问,促进政策制度内容在基层的宣传教育效果。对群众而言,通过融媒体中心与政务服务部门进行直接交流,或通过融媒体中心获得更专业、更全面的政务解读,可以提高政务事项申请与办理的效率与效果。在5G技术的支持下,一些县级融媒体中心将政务服务功

第七章 乡村网络文化

能延伸到村一级,村民可以通过 App、微信公众号等平台进行服务预约和办理,真正缩短了政务服务的流程和时间。

（2）公共服务是融媒体中心利用自身的平台整合服务供给资源,为基层群众提供综合性的公共服务支持,使群众可以通过中心平台获得教育、医疗、养老等方面的公共服务。与政务服务不同的是,公共服务主要连接的是公共服务组织或机构与基层群众之间的关系。群众可以通过平台的相应功能选择来获得专属的公共服务,解决自己在生活中遇到的问题。部分地区县级融媒体中心开发的 App 可以为用户提供民生新闻、便民支付、医疗服务、健康养老等各类公共服务功能,并且公共服务的供给者可以根据用户的需求在平台上自主开发新的功能入口,不断为用户提供相应的公共服务功能。

（3）商务服务是融媒体中心为推广商家产品或服务及消费者进行商务服务购买提供直接的对接平台,满足商家推广和消费者消费双向需求的功能模块。在实际的商务服务过程中,融媒体中心为商家提供产品或服务推广的平台,并对商家进行质量方面的管理,保证平台商家以优质、专业的服务来赢得用户的持续关注和支持,从而实现平台商务服务的专业化、精细化。县级融媒体中心的商务服务与商家自身开发的 App 或平台店铺不同,其主要是借助媒体自身的流量和流量转化优势来实现短期内的产品或服务推介。提高品牌的知名度和影响力。

【案例链接】

县级融媒体中心建设案例

甘肃省玉门市融媒体中心构建"一中心四系统+'爱玉门'App",着力打造玉门区域内官方权威的主流媒体,形成新旧媒体协同的格局。凭借一套广播和一套高清电视频道的制播能力,以及5套广播节目、15套无线数字电视节目的传输能力，让传统媒体再焕生机，整体推进"爱玉门"App、微信、微博、抖音等，打造新型媒体集群，平台的用户数快速增长，影响力不断提升，极大地拓展了网络媒体的广度。

北京市丰台区融媒体中心推出社区微直播，聚焦百姓生活，以文化为媒，传递正能量，把2020年的新春灯会改办成"网上看花灯"线上活动，举办当天的网络直播和短视频吸引了2 000多万人次观看、点赞。

在2020年新冠肺炎疫情防控期间，昆山市融媒体中心推出《众志成城战"疫"必胜》《"防输入"丝毫不松懈，"防扩散"一点不懈怠》等宣传策划，"昆山发布"和"第一昆山"微信公众号推送了1 000余篇文章，阅读量超过千万人次。

海安市融媒体中心通过新媒体、广播、电视、报纸梯度推送、全面覆盖，刊播动态宣传及知识普及、典型报道等内容1 000多篇，累计浏览量达200多万次。

三、乡村特色文化宣传

随着互联网技术的迅速发展，我国文化产业、经济领域等有了明显的改变。传统文化产业面临转型升级，在此基础上，若是能够加大力度发展当地特色文化，则可能会产生更多的文化效益和经济效益。我国历史悠久，幅员辽阔，各个地方都有着独特的文化，特色文化产业发展前景十分广阔。借助互联网技术，地方特色文化能够实现数字化发展，积极推动当地文化的传承与发展。

地方特色资源分布一般呈广泛性、零散性特征，有些特殊资源无法直接获取，需要花费时间和精力收集整理。对此，可以利用捐赠、借阅、购买、观摩等方式收集资源。互联网的迅速发展使人们越来越习惯用网络获取信息，地方特色资源来源广，人们可以通过地方政府网站、网络论坛、专业贴吧等渠道获取，也可以检索专业数据库，从中获取资源。此外，对于新开发的资源要注意跟踪保存，实时更新信息平台资源，进而推动地方特色文化数字化建设，完善信息平台。

各地区在开展地方特色文化数字化建设时，需要统一制定建设标准，并根据标准开展各项工作，这样才能够确保数字化资源平台实现共享，且能够得到全面发展。地方特色文化数字化建设是一个长期的过程，特别是共享平台涉及多种因素，必须建立统一的工作准则，使数据库能够与互联网和计算机的发展相符。各地区将整理好的地方特色文化内容与网络推广相结合，建设具有时代性的特色地方文化，以形成品牌，深度挖掘当地的非物质文化遗产，对其进行创新融合，开发出新型的文化产品，打造特色文化品牌。

在特色文化数字化建设中，各地区需要将文化资源整合起来，结合地方特色地理环境，以及历史文化和旅游景点，充分挖掘现有的信息资源，丰富当地的文化特色。在打造地方特色文化时，各地区需要保证文化企业质量，整合文化资源，利用微信公众号、官方网站、地方微博等渠道将其录制成视频、拍摄成照片、制作成链接发布到网上，让其他人能够了解地方特色文化，加强各产业之间的联合，构成特殊"一条龙"文化产业，建设满意度高的地区特色文化。

四、乡村基层文化服务机构信息化

在科学技术日益发展的信息化时代，人民群众的文化需求呈现出个性化、多元化的特点。为了适应这一发展需要，为广大群众提供"精神文化食粮"，许多地方出现了数字图书馆、"文化馆+"等新的发展模式,使公共文化服务方式、服务范围、服务内容、服务路径等发生了巨大转变,颠覆了基层公共文化的传统服务模式,形成了移动化、数字化发展的特点,为整合与利用现有文化资源提供了便利,为拓展各类基层文化服务机构的服务提供了可能。

群众文化资源丰富多彩,但这些资源在过去比较分散、整合不易、共享困难。基层文化服务机构的数字化,可以使各地的群众文化资源汇集于互联网,从而实现资源共享,达到相互学习、相互借鉴的目的。基层文化服务机构是各地非物质文化遗产保护的主力军。随着各地非遗保护工作的深入开展,全国各地的非遗项目成为基层文化服务机构特色文化的重要内容和共享资源。许多非遗项目在互联网的作用下,在不同地区得到传承与普及。

地方文化馆(站)可以借助资源优势,对现有资源进行有效整合,建立具有地方特色的文化资源数据库,推出丰富多彩的文化活动内容,实施有针对性的网络文化服务。

在建设数字文化馆、实施"文化馆+"的基础上,各文化馆(站)可以通过互联网开展艺术培训、创作辅导、网上活动、非遗展示、宣传教育等寓教于乐的文化活动,培养群众文化艺术骨干,陶冶广大群众性情,提高人民群众的文化艺术欣赏水平,发现并培养非遗文化传人,进而推动整个文化事业的发展。

第二节 乡村文化资源数字化

乡村文化资源数字化主要包括农村数字博物馆建设、农村文物资源数字化、农村非物质文化遗产数字化等,通过信息技术采集农村风土人情、非遗资源、文物遗址等文化资源信息,以数字化形式进行资源存储、管理、分析、利用、展示,实现乡村传统

第七章 乡村网络文化

文化的保护与网上广泛传播。

一、乡村数字博物馆建设

我国传统村落的物质或非物质文化遗产都具有一定的历史价值、文化价值、艺术价值和经济价值，是农耕文明集体记忆的见证。我国历史文化名镇名村保存的文物特别丰富，具有重大历史价值或纪念意义，能比较完整地反映一些历史时期的传统风貌和地方民族特色。这些是我国优秀传统文化的结晶，利用数字技术"复现"乡村文化，既能有效助推艺术创作和乡村文化的新表达，又能为乡村旅游注入新活力。

进入信息化时代，以数字空间为基础的数字博物馆应运而生。数字博物馆是运用虚拟现实技术、三维图形图像技术、计算机网络技术、立体显示系统、互动娱乐技术、特种视效技术等高科技手段，将现实存在的实体博物馆以三维立体的方式完整地呈现在网络上的博物馆。乡村数字博物馆通过信息技术手段对传统村落资源进行挖掘、梳理、保存、推广，以网站、App、微信小程序等形式建设数字博物馆平台，集中展示村落的自然地理、传统建筑、村落地图、民俗文化、特色产业等。

（一）中国传统村落数字博物馆建设

2012年12月—2023年3月，我国先后分6批将8 155座村落列入《中国传统村落名录》。针对入选《中国传统村落名录》的村庄，依托中国传统村落数字博物馆平台，建设传统村落单馆，以文字、图片、影音、三维实景、全景漫游等形式，集中展示传统村落的概况、历史文化、环境格局、传统建筑、民俗文化、美食特产、旅游导览等信息。

2017年，住房和城乡建设部办公厅印发《关于做好中国传统村落数字博物馆优秀村落建馆工作的通知》，正式启动中国传统村落数字博物馆建设工作。2018年9月，"中国传统村落数字博物馆"（计算机端）正式上线，这是全国首个以数字影像的方式全方位、多角度记录村落文化遗产的官方平台。截至2020年，近400座村落实现全景网络漫游，展示内容包括100万字以上的文字介绍、56万张以上的图片、1.6万分钟的音视频，覆盖4.3万栋以上的传统建筑和7 500项以上的非物质文化遗产数据。截至2021年，全国传统村落单馆数量达513个，实现全国除港澳台之外的31省（自治区、直辖市）全覆盖，6 819座传统村落都拥有了自己的二维码，配上了"身份证"，线下也可"扫一扫、尽知晓"。

（二）历史文化名镇名村数字博物馆建设

历史文化名镇名村是我国城乡文化遗产体系的重要组成部分，2008年实施的《历史文化名城名镇名村保护条例》将历史文化名镇名村列为法定保护对象。截至2022年8月，由住房和城乡建设部联合国家文物局共同公布了7批799处中国历史文化名镇名村，其中中国历史文化名镇312处、中国历史文化名村487处。以各级历史文化名镇名村为核心载体的历史镇村体系不仅具有突出的历史文化价值与风貌特色，而且也是"乡愁"记忆的重要载体，尤其是特色少数民族村落成为文化旅游的目的地，是全域旅游发展新的增长点，吸引了大量的游客，逐步成为乡村振兴与区域协同发展的基石，其活化利用的意义逐渐凸显。

2019年5月，中共中央办公厅、国务院办公厅印发的《数字乡村发展战略纲要》明确提出"建立历史文化名镇名村和传统村落数字文物资源库、数字博物馆，加强农村优秀传统文化的保护与传承"的总体战略要求。2021年9月，中共中央办公厅、国务院办公厅在《关于在城乡建设中加强历史文化保护传承的意见》中对各级各类城乡文化遗产的数据化管理也指明了方向：

"加强对城乡历史文化遗产数据的整合共享,提升监测管理水平。"2022年1月,中央网信办、农业农村部、国家发展改革委等十部门印发的《数字乡村发展行动计划(2022—2025年)》要求开展"乡村网络文化振兴行动"重点任务,并明确了"推进乡村文化资源数字化,加快推进历史文化名镇、名村数字化工作,完善中国传统村落'数字博物馆'"等一系列行动要求。

针对入选中国历史文化名镇名村名录的村落,依托中国历史文化名镇名村数字博物馆平台(由住房和城乡建设部组织建设),建设村镇单馆,集中展示村镇历史文化、文物资源、历史建筑、非遗资源等信息。

农村数字博物馆的建设,向国内乃至世界展示了我国农村文化的魅力,让观众在线感受文化赋予的力量,并推动农村数字博物馆资源的创造性转化和创新性发展。

二、农村文物资源数字化

农村文物资源数字化是利用数字技术对农村文物资源进行全方位的数据采集,为每个文物建立一个虚拟模型,让群众可以在线上通过视频播放的形式参观文物。群众可以对自己想要了解的文物进行信息查询,全面了解其存在的时间及参数等,在家即可获得精神与文化的满足。

农村文物资源数字化包括数字化采集与数字化展示。数字化采集指应用信息技术将农村文物的自然属性信息与人文属性信息加工为图文、视频、3D影像资源。数字化展示指对采集成果进行故事化加工创作,通过各类网络平台对外宣传展示。例如,昌黎县对源影寺塔及附属物、贵贞楼、韩文公祠、赵家老宅、双阳塔、水岩寺、烈士陵园、高公亭、垂花门等重要文物古建筑进行数字化信息采集,并对省级以上文物保护单位的文物进行扫描,制作三维模型，实现文物资源的数字化管理，为加强文物保护、管理、利用及建设数字博物馆奠定基础。

当前，文物数字化保护理念已成为国际文化遗产保护的共识。乡村文物数字化对记录展览、保存、研究和复原乡村文物具有极其重要的作用，而农村文物资源的数字化保护，可以助推乡村旅游事业的发展。

三、农村非物质文化遗产数字化

非物质文化遗产是一个国家和民族历史文化成就的重要标志，是优秀传统文化的重要组成部分。为了保护传统手工艺，发掘乡村非物质文化遗产资源，住房和城乡建设部等七部委联合开展传统村落调查挖掘工作，挖掘和保护我国优秀的传统村落文化遗产。

农村非物质文化遗产数字化是对农村地区传统口头文学及文字方言、美术书法、音乐歌舞、戏剧曲艺、传统技艺、医疗和历法、传统民俗、体育和游艺等非物质文化遗产进行数字化记录、保存与宣传展示，实现农村非物质文化遗产的数字化留存和传播。

文化和旅游部充分利用网络平台，大力支持农村地域特色文化、优秀农耕文化、优秀曲艺等的传承发展，取得了显著成效；支持举办非遗购物节；联合网络平台举办"云游非遗·影像展"，将非遗传承纪录影像、非遗题材纪录片搬上网络进行公益性展播；举办全国非遗曲艺周、第六届中国非物质文化遗产博览会等活动，通过线上集中展播、展览等方式，让广大农民群众足不出户领略非遗魅力。

非物质文化遗产是乡村文化"活"的灵魂，数字技术的融入有效地消除了非遗文化等传统文化资源与现代技术之间的"鸿沟"与隔阂，可以更好地吸引年轻群体参与到传统文化的感知与体验中，提高全社会非物质文化遗产活态保护发展意识，从而促进非遗文化的传承与发展。

第三节 "三农"网络文化创作

一、"三农"网络文化创作的概念

"三农"网络文化创作是指以"三农"为主题，支持内容创作者开展文艺创作，推出一批具有浓郁乡村特色、充满正能量、深受村民欢迎的网络文学和网络视听节目，这是文艺创作的重要内容。推动"三农"网络文化创作的可持续发展，将极大地促进乡村文化传播、乡村经济振兴及产业转型。

【案例链接】

电视文艺创作描绘新时代"三农"崭新图景

九尽杨花开，春种早安排。时下，中国大部分地区已进入农忙时节，而电视文艺创作的"春种"早如火如荼地展开了。《山水间的家》《最炫农科生》《从农场到餐桌》《乡村新事记》等以"三农"入题的佳作不断涌现，让荧屏充满原汁原味的"乡韵乡情""泥土芬芳"，为优秀"三农"电视文艺创作指明了创新方向。

扎根泥土的多元创作，讲好乡村振兴的中国故事

从综艺节目到纪录作品，从主题晚会到特别节目……当下的"三农"电视文艺作品在内容形态上不断打开思路，既通过深入探索"三农"领域与文艺创作的内在关联找到突破点，也积极从大众喜闻乐见的文艺品类中借鉴经验、汲取灵感。比如《山水间的家》采用"慢综艺"的创作手法和鲜明的纪实风格，以嘉宾探访的形式讲述乡村振兴的真实案例。《2022网络丰晚》融合创意唱演、微观投影、戏剧演绎、换装秀等多种艺术形式，以在一粒米上投影数千年的农耕文明、用虚拟现实展现未来智慧农业等创意内容吸引观众。《乡村振兴大擂台》在叙事手法上大胆引入中国传统乡村常见的"打擂台"竞技模式，每期邀请几个村镇进行乡村振兴成果比拼，将地方戏剧、民俗展示、主题辩论等元素融为一体，碰撞出层次丰富的"乡村滋味"。该节目还衍生出专题报道《书记市长谈乡村振兴》等若干周边节目和活动，以"小制作"撬动"大声量"。随着新潮元素的融入，这些"三农"电视文艺创作的内容语态和创作思路呈现出别具一格的年轻态和时代感。

一批成熟文艺节目创作转向，也助力"三农"电视文艺创作的多元发展。随着"三农"话题热度的持续高涨和大众关注度的不断提升，一些具有社会影响力的老牌节目逐渐将创作视野投向乡村田野，为此类题材注入了创造活力。《向往的生活》《乡村振兴电视夜校》等立足于原有的成熟模式，或在节目中开辟呈现"三农"新貌的板块和环节，或直接将内容主题聚焦"三农"领域。无论是"另起炉灶"式的原创探索，还是基于既有模式的创新设计，这些节目都大大拓宽了"三农"节目的创作面，让乡村振兴承载的中国故事在生动立体的讲述中变得愈加可知、可感、可信、可敬。

新视角展现新气象，刷新大众的"三农"认知

乡村振兴是一个长期工程，需要凝聚强大的社会力量，带动广泛的社会参与。从社会心理学角度来看，大众对"三农"的印象很大程度上影响其持有的态度，进而影响他们所采取的行动。过去，大众媒介塑造的"三农"大都是"看天吃饭"的农

第七章 乡村网络文化

业生产、贫穷落后的农村生活和"面朝黄土背朝天"的农民形象,这在一定程度上拉远了部分观众与乡村的心理距离。而当下,火爆的农村短视频本可以展示真实的"三农"样貌,却有一些自媒体为了利益消费大众情绪,编织出"乡村残酷物语""悬浮乌托邦"等脱离现实的假象。

凡此种种从不同侧面证明,主流媒体的文艺创作必须以更大的责任和使命承担起媒体应有的引领责任,建构大众对新时代"三农"的全新印象和深刻认知,进一步提高大众的关注度和参与度,助力"三农"事业发展。近年来的"三农"电视文艺创作或多或少地融入了这一思考,以新视角传递新时代农业、农村和农民的新气象。

从典型的"三农"人物出发,《乡村大舞台》栏目打造的系列特别节目《高手在民间》邀请全国各地农民展示技艺才能,通过人物故事反映乡村面貌的改变和乡村振兴的成就。《三农群英汇》《超级新农人》等节目选取平凡却不普通的"三农"人物,让观众遍览新时代的农民群像,领略乡村振兴先行者们的人格魅力和时代价值。

从农村建设的角度切入,当下电视"三农"文艺创作立体勾勒出如火如荼的新农村建设进程,让观众看到真实、壮阔的新农村图景,对部分自媒体制作出的被流量裹挟的假象进行纠偏。《山水间的家》深入24个美丽乡村,记录下农村通过发展特色旅游、打造文创产品、引入"共享经济"模式等方式实现振兴的多元路径。而《快乐童行》《田野里的歌声》以"童眼"观察农村经济转型、文化传承、美育普及等真实情况。《田园中国》邀请农业农村领域专家和年轻人深入体验乡村生活、见证振兴成果。一个个真实案例由点成面地拼凑出乡村振兴壮阔图景,再加上不同群体的亲历与见证,使大众对当代农村的认知焕然一新。

此外，《中国农资秀》《与梦想合拍》《乡村新事记》等从农村产业发展讲述振兴故事，既高度浓缩地方经验，又呈现当下农业发展面临的新挑战和新机遇。可以说，当下的"三农"电视文艺作品虽在创作对象的选取上各有侧重，但都相对一致地指向新时代"三农"形象的重塑和传播，不仅深度调动了大众的正向情绪、态度和行动，而且更好地营造了全社会关注农业、关心农村、关爱农民的浓厚氛围。

融合传播拓宽受众群，把网络流量转化为振兴增量

《中国互联网络发展状况统计报告》显示，截至2022年6月，我国农村地区互联网普及率达58.8%。互联网已成为当代农民接受新知识、新技术和新理念的重要渠道，这要求"三农"电视文艺节目在创作过程中要打开融媒体传播思路，更好地践行面向"三农"、展示"三农"、服务"三农"的社会价值。

"三农"电视文艺创作的一大痛点是"酒香也怕巷子深"。受限于城乡二元的传播体系等现实因素，以往部分高质量的"三农"节目仅在传统媒介播出，很难充分释放出节目的社会价值。在融媒体环境下，新兴媒介与传统媒体的融合发展给文艺节目提供了更为丰富的传播资源，也大大提高了其内容互动性和参与度，使"三农"创作从小众节目、专业节目走向大众视野，进而将大规模互联网流量转化为助推乡村振兴的发展增量。例如，中央广播电视总台农业农村节目中心多次开启"乡聚"系列主题融媒体行动、"丰收中国"融合传播行动，集中全媒体力量实现大小屏融合传播，撬动全网百亿级流量。《田野里的歌声》通过融媒体手段在央视频等平台开辟云端美育课堂，为广大乡村少年和教师提供基础的美育指导。

融媒体渠道也推动"三农"电视文艺作品突破圈层界限，吸引农村人才"走回来"，推动农村产品"走出去"。一方面，

第七章 乡村网络文化

这些节目让更多的年轻人看到新时代"三农"的切实变化，吸引他们成为"三农"事业发展的有生力量。《最炫农科生》通过展现国内顶尖农业院校农科生日常，吸引年轻人投身"三农"事业。另一方面，融媒体传播还帮助文艺创作将力量落到实处，在大众与"三农"之间建立有机联结。例如，《从农场到餐桌》打造"电视+电商+融媒体+线下批发销售"的创新模式，打通农产品与消费者之间的信息通道，200场次的直播活动吸引观众超300万人次，推荐超700个农产品。

从溯源源远流长的中华农耕文明，到呈现"三农"领域的发展与突破，再到展望未来的智慧农业蓝图，这些优秀的"三农"文艺节目既填补了长期以来同类型题材的创作空白，也凭借接地气、冒热气、有生气的内容描绘出新时代"三农"的崭新图景，带动大众关注和助推"三农"发展。今后，无论媒体环境如何变化，电视"三农"文艺节目都要坚持以人民为中心的创作导向，进一步深入生活、扎根泥土，将镜头对准这一方土地所孕育的风土人情、百态生活和人间烟火。创作者要始终与时代同频共振，用心讲述全面推进乡村振兴带来的获得感、幸福感、安全感，把根植于乡村大地的文化、精神与情怀呈现得更加透彻。还需通过融媒体等创新手段传播好"三农"代表人物和他们饱蘸汗水的奋斗故事，增强广大观众奋进新征程的精神力量。

二、"三农"网络文化创作的内容

"三农"网络文化创作将优秀的乡村文化以文字、图片、音视频等广大人民群众喜闻乐见的形式进行传播推广，传承不同地区的乡土文化、民间风俗和乡村美食。例如，由浙江广电集团和中国美术学院联合出品的大型人文纪录片《中国村落》，聚焦中国传统村落，不仅描述了乌镇、香格里拉等著名的村落，还深度挖掘了内蒙古莫尔道嘎太平川、丹巴藏寨等不为人知却又极富特色的村落，同时还触及了乡村改造的现实问题，极大地促进了乡村文化的传承与振兴。

"三农"网络文化创作更多依赖于广大人民群众。随着移动互联网的发展，短视频的市场规模持续扩大，短视频支农兴农事业前景广阔。创作日常生活、民间文化、乡村环境、农业生产等类型的"三农"短视频，不仅能够向广大群众传播乡村文化，还能使普通村民通过专家创作的视频内容，低成本地学习先进的农业技术。相关部门联合多个网络平台开展"三农"网络文化创作激励计划，扶持"三农"内容创作，从多维度展现农村生活，助力乡村振兴。

县级层面应充分发掘优秀"三农"题材作品，建设"三农"题材网络文化资源库。随着融媒体时代的到来，媒体融合逐步进入纵深发展阶段，5G网络、人工智能、物联网等新兴技术的革新推动着媒体融合生态系统的重构与演变，这也为"三农"网络文学和网络视听节目提供了有效的推广平台。"三农"网络文化创作可以通过县级融媒体中心自有数字渠道进行推广，并与合作的社会数字平台（电商、社交、短视频等平台）进行有效对接。这样一是能够通过互联网平台对乡村文化进行有效推广，二是可以通过"三农"网络文化形成辐射效应，打造"三农文化+电商""三农文化+旅游""三农文化+社交"等新的产业模式，完善相关产业链，带动乡村经济发展。

"三农"网络文化创作在发展过程中难免会因市场因素的参与而表现出参差不齐的发展形态，这是不可避免的，因此，在"三农"网络文化作品的创作过程中，需要注重正确方向的引导和监督。"三农"网络文化作品不乏优质内容，但部分创作者为了吸引眼球和流量，创作粗俗甚至低俗的内容，使作品仅仅停留在被消费的层面,不利于优秀乡村文化的传播和正面乡村形象的构建。为了解决这一问题,需要加快搭建数字化"三农"网络文化创作平台,加强内容审核,激励优质内容创作,同时通过大数据分析等相关技术,完善推送机制,基于优质内容创作者的技术支撑和流量扶持,建立完备的"三农"网络文化发展体系。

第四节 乡村网络文化引导

一、整治互联网非法传教活动

互联网普及后,互联网非法传教日益严重。近年来,非法传教组织给社会稳定造成了一定的影响,给很多家庭带来巨大痛苦。必须使广大同胞认识到非法传教的巨大危害,同时采取有效手段遏制互联网非法传教活动,维护社会稳定、和谐发展。

整治非法传教活动可以通过建设"网络大课堂",开设线上线下课程宣讲的方式进行。"网络大课堂"可以宣传党和国家关于宗教的政策方针,普及相关法律知识。群众可以通过移动端学习课程,课程应采用短视频等形式,使群众在轻松愉快的氛围中获取知识。群众学习课程和参加考试后可获得积分,通过奖励积分、积分排行榜、积分变现等增强参与感。课程内容应多多列举网络非法传教的案例,鼓励群众在遇到非法传教情况时积极向公安机关举报。

二、清理网络空间违法和不良信息

近年来,随着网络和智能手机的普及,封建迷信、攀比低俗等消极文化和不良信息、违规信息充斥着网络,对未成年人的心理健康造成极大的危害。在广大农村地区,由于留守儿童等问题，青少年和儿童未能得到足够的关注和监督，受网络不良信息的影响更大。

未成年人是祖国的未来，他们的心智健全程度关系着国家未来的发展，遏制网络不良信息的传播迫在眉睫。

要加强农村网络设施建设，利用互联网宣传中国特色社会主义文化，宣扬地方民族特色，通过"智慧大屏"等设施开展名著导读、文化讲堂等宣传，播放具有教育意义的影视作品，提升青少年的民族荣誉感和社会责任感，使其自主远离网络不良信息的侵扰。

加强网络监管，建设网络监管平台，通过技术手段监测网络不良信息，一旦发现不良内容立即进行屏蔽，提示用户正在浏览违法不良信息并溯源，将相关溯源信息提交至公安机关处理。督促监护人将上网设备设置为未成年人模式，系统自动启动保护机制，防止未成年人沉迷网络。

第八章 智慧绿色乡村

第一节 农业绿色生产

农业绿色生产是指将农业生产和环境保护协调起来,在保护环境、保证农产品绿色无污染的同时促进农业发展和增加农户收入。通过应用农业投入品追溯管理平台,规范农业生产经营企业活动,实现农药、兽药、化肥、饲料等农业投入品流向可跟踪、风险可预警、责任可追究,防止不合格的农业投入品进入流通领域,减少农业投入品的滥用,推动农业绿色发展。

一、推进化肥农药减量增效

(一)化肥农药减量增效的意义

目前,我国经济发展进入新常态,加快转变农业发展方式,促进农业可持续发展,推进生态文明建设,迫切需要减少化肥农药使用。推行化肥农药减量使用,是我国农药应用行业的一项重大创新,必将对推进农业面源污染治理,建设资源节约型、环境友好型社会,保障农业生产安全、农产品质量安全和生态环境安全,促进农业可持续发展,产生积极而深远的影响。主要体现在以下4个方面。

1. 提高农产品质量安全水平

农产品的化肥农药污染和残留超标,是影响我国农产品质量安全水平的一个重要因素。实现化肥农药的科学减量使用，将在一定程度上减轻化肥农药对农产品的污染，也将有效控制农产品农药残留超标，必将大大提高我国农产品质量安全水平，增强农产品国际竞争力。

2. 减轻农作物药害和抗药性发生

如果化肥农药不合理使用特别是过量使用，容易产生农作物药害。近年来，化肥农药等不合理使用，引发农作物药害事故频繁发生。同时，化肥农药的不合理使用，是病虫草鼠抗药性产生的主要原因。实现化肥农药的科学减量使用，将有效预防农作物药害发生，延缓抗药性的发展。

3. 促进农民增收

粮食和农业效益仍然偏低，重要的原因是生产成本增加较快。既有劳动力成本的增加，也有物化成本的增加。化肥农药是重要的投入品，施用化肥农药需大量人工，过量施肥施药必然造成农业生产成本增加。实现化肥农药的科学减量使用，不仅能保障农业增产，而且可以降低化肥农药使用成本，因而也有利于农业增效、农民增收。

4. 保护农业生态环境

化肥农药是造成农业和农村面源污染的一个重要方面。长期以来，化肥农药的大量使用不仅对农田产生严重污染，而且化肥农药进入土壤、水体、大气，也对农业水生态环境造成破坏。实现化肥农药的科学减量使用，将从源头上减轻化肥农药对环境的影响，对于保护农业生态安全具有重大意义。

(二) 化肥农药减量增效的技术路径

1. 化肥减量增效的技术路径

一是精，即是推进精准施肥。根据不同区域土壤条件、作物产量潜力和养分综合管理要求，合理制定各区域、作物单位面积施肥限量标准，减少盲目施肥行为。

二是调，即是调整化肥使用结构。优化氮、磷、钾配比，促进大量元素与中微量元素配合。适应现代农业发展需要，引导肥料产品优化升级，大力推广高效新型肥料。

三是改，即是改进施肥方式。大力推广测土配方施肥，提高农民科学施肥意识和技能。研发推广适用施肥设备，改表施、撒施为机械深施、水肥一体化、叶面喷施等方式。

四是替，即是有机肥替代化肥。通过合理利用有机养分资源，用有机肥替代部分化肥，实现有机无机相结合。提升耕地基础地力，用耕地内在养分替代外来化肥养分投入。

2. 农药减量增效的技术路径

根据病虫害发生为害的特点和预防控制的实际，坚持综合治理、标本兼治，重点在"控、替、精、统"4个字上下功夫。

一是"控"，即是控制病虫发生为害。应用农业防治、生物防治、物理防治等绿色防控技术，创建有利于作物生长、天敌保护而不利于病虫害发生的环境条件，预防控制病虫害发生，从而达到少用药的目的。

二是"替"，即是以高效低毒低残留农药替代高毒高残留农药、以大中型高效药械替代小型低效药械。大力推广应用生物农药、高效低毒低残留农药，开发应用现代植保机械，减少农药流失和浪费。

三是"精"，即是推行精准科学施药。重点是对症适时适量施药。在准确诊断病虫害并明确其抗药性水平的基础上，配方选药，对症用药，避免乱用药。根据病虫监测预报，坚持达标防治，适期用药。按照农药使用说明要求的剂量和次数施药，避免盲目加大施用剂量、增加使用次数。

四是"统"，即是推行病虫害统防统治。扶持病虫防治专业化服务组织、新型农业经营主体，大规模开展专业化统防统治，推行植保机械与农艺配套，提高防治效率、效果和效益，解决一家一户"打药难""乱打药"等问题。

二、促进养殖废弃物和秸秆资源化利用

（一）推进养殖废弃物资源化利用

健全畜禽养殖废弃物资源化利用制度，严格落实畜禽养殖污染防治要求，完善绩效评价考核制度和畜禽养殖污染监管制度，加快构建畜禽粪污资源化利用市场化机制，促进种养结合，推动畜禽粪污处理设施可持续运行。加强养殖废弃物资源化利用能力建设。建立畜禽粪污收集、处理、利用信息化管理系统，持续开展畜禽粪污资源化利用整县推进，建设粪肥还田利用种养结合基地，培育发展畜禽粪污能源化利用产业。推进绿色种养循环，探索建立粪肥运输、使用激励机制，培育粪肥还田社会化服务组织，推行畜禽粪肥低成本、机械化、就地就近还田。减少养殖污染排放，推进水产健康养殖，减少养殖尾水排放。鼓励因地制宜制定地方水产养殖尾水排放标准。

（二）推进秸秆综合利用

促进秸秆肥料化，集成推广秸秆还田技术，改造提升秸秆机械化还田装备。在东北平原、华北平原、长江中下游地区等粮食主产区，系统性推进秸秆粉碎还田。促进秸秆饲料化，鼓励养殖场和饲料企业利用秸秆发展优质饲料，将畜禽粪污无害化处理后还田，实现过腹还田、变废为宝。促进秸秆燃料化，有序发展以秸秆为原料的生物质能，因地制宜发展秸秆固化、生物炭等燃料化产业，逐步改善农村能源结构。推进粮食烘干、大棚保温等农用散煤清洁能源替代。促进秸秆基料化和原料化，发展食用菌生产等秸秆基料，引导开发人造板材、包装材料等秸秆原料产品，

提升秸秆附加值。培育秸秆收储运服务主体，建设秸秆收储场（站、中心），构建秸秆收储和供应网络。建立健全秸秆资源台账，强化数据共享应用。严格禁烧管控，防止秸秆焚烧带来区域性大气污染。

三、加强白色污染治理

（一）推进农膜回收利用

落实严格的农膜管理制度，加强农膜生产、销售、使用、回收、再利用等环节管理。推广普及标准地膜，开展地膜覆盖技术适宜性评估，因地制宜调减作物覆膜面积。强化市场监管，禁止企业生产、采购、销售不符合国家强制性标准的地膜。积极探索推广环境友好生物可降解地膜。促进废旧地膜加工再利用，培育专业化农膜回收主体，发展废旧地膜机械化捡拾，建设农膜储存加工场点。建立健全农膜回收利用机制，在西北地区支持一批用膜大县整县推进农膜回收，加强长江经济带农膜回收利用，健全回收网络体系。开展区域农膜回收补贴制度试点，探索建立地膜生产者责任延伸制度。建立健全农田地膜残留监测点，开展常态化、制度化监测评估。

【案例链接】

一网多用，整合资源，重庆创新废弃农膜回收利用模式

1. 基本情况

地膜覆盖栽培具有提高土壤温度、保持土壤水分、防止害虫侵袭、促进农作物生长功能，是我国农业稳产高产的功臣之一。但大量残留在土壤中的农膜难以降解，对土壤造成污染和损害，形成大面积白色污染，影响农业可持续发展能力。减少农业农村白色污染，促进农业绿色发展是当前急需解决的问题。

2. 主要经验做法

一是构建网络体系。发挥供销合作社扎根农村、贴近农民、服务农业和农资供应、再生资源回收网络优势，整合资源、拓展功能、一网多用，加快推进回收网络体系建设。回收网点覆盖所有涉农镇街和85%的行政村（社区），形成了村、镇街回收转运，区级贮运三级回收体系。

二是建立财政资金保障机制。落实市级财政资金以政府购买服务方式扶持回收企业，农膜回收每吨补助2 500元，肥料包装物回收每吨补助1 000元，加工每吨补助500元。

三是建立督查监管机制。按职责分工，市级抓总、抓督查，区负主责、具体抓落实。建立回收利用开收据、建台账、月报进度、季度通报、半年推进、年终验收总结考核机制，以会代训，先后召开废弃农膜回收利用性培训以及调度会、推进会4次。开发全市废弃农膜回收利用综合管理平台，督促回收、企业及时登录回收数据，时时掌握进度动态，形成线上线下融合监管，推进回收利用数据可溯源。

四是建立第三方评估机制。年底由市供销合作社委托第三方中介机构对各区废弃农膜回收利用情况开展专项审计验收评估，确保财政资金安全，有针对性提升工作成效。

五是强化宣传引导。把握春耕等重要时间节点，在重庆新闻联播时段集中宣传报道废弃农膜回收利用目标任务和相关资金政策支持。在重庆日报、华龙网、新华社、人民网等媒体宣传废弃农膜回收利用以来取得的成效。

3. 取得的成效

一是白色污染得到有效遏制。3年来，中心城区回收废弃农膜881.14吨，完成3年目标任务的123.58%，2020年农膜回收率达到91.85%。有效减少了农业农村面源污染。

二是一网多用减少成本费用。整合废弃农膜和农药包装物回收利用网络，减少贮运中心环节，大幅减少了农药包装物、废弃农膜等回收费用，如九龙坡区农药包装物回收费用补贴降至1 500元/吨。

4. 推广应用条件

适用于农业较为发达，农村人口与面积比例相对较大的城市，通过高效利用现有回收体系，推进废弃农膜、肥料包装物和农药包装物的回收利用。在推广应用中应注意以下问题。一是坚持政府引导、公众参与。废弃农膜回收是一项公益性强，从回收到资源化利用，链条长、监管难度大，必须建立财政资金激励机制，引导相关企业积极参与，加强有关部门协作配合，层层压实责任，增强农民和各类农业经营主体环保意识，养成自觉捡拾的良好习惯。二是坚持市场化运作，培育实施主体。通过购买服务方式，公开、公平、公正竞争确定实施主体，发挥财政资金作用最大化，优选熟悉农村、管理规范、内部制度健全、社会责任感强的企业作为实施主体。三是整合资源、发挥行业优势。发挥热爱基层、扎根农村、服务农业行业优势，整合服务农业、农村生产生活经营网络，拓展服务范围，"一网多用"由供应保障服务网络，同时变为农膜、肥料、农药等农业投入品回收网络，减少网络重复建设，节约回收成本费用，实现社会效益和经济效益双赢。

（二）推进包装废弃物回收处置

严格农药包装废弃物管理，按照"谁生产、经营，谁回收"的原则，建立农药生产者、经营者包装废弃物回收处置责任。鼓励采取押金制、有偿回收等措施，引导农药使用者交回农药包装废弃物。以农资经销店为依托合理布局回收站点，完善农药包装废弃物回收体系，推进农药包装废弃物资源化利用和无害化处置。加强农药包装废弃物回收处理活动以及环境污染防治的监管。合理处置肥料包装废弃物，对有再利用价值的肥料包装废弃物进行再利用，促进包装废弃物减量。无利用价值的纳入农村生活垃圾处理体系集中处理。

第二节 乡村绿色生活

乡村绿色生活主要包括农村人居环境综合监测、农村饮用水水源水质监测等，通过云计算、物联网、人工智能、无人机、高清视频监控等信息技术手段，对乡村居民生活空间、生活用水等进行监测，为农村人居环境综合整治提供依据。

一、农村人居环境综合监测

利用高清视频监控、物联网、人工智能、图像识别等信息技术手段，对农村地区垃圾收运、污水治理、村容村貌维护等进行监测分析，为农村人居环境整治提供监管依据。

（一）农村生活垃圾收运数字化监管

农村生活垃圾收运数字化监管是指利用物联网、人工智能等信息技术手段，对农村生活垃圾收集、运输、回收、处理等全过程进行监测分析，实时监测垃圾清运数量，提高处理收运效率。

【案例链接】

浙江嘉兴南湖：以农村生活垃圾分类数字化建设构筑城乡人居环境共富新高地

南湖区地处浙江省北部杭嘉湖平原，东邻上海，西接杭州，北依苏州，总面积439平方公里，现辖9个街道、4个镇、47个行政村，常住人口68.3万人。近年来，该区坚持以数字化改革

第八章　智慧绿色乡村

探索农村人居环境整治提升"智治"路径，在全省首创全流程数字化监管"垃非"系统（农村生活垃圾监管系统），发挥"大数据精密智控"技术优势，全力打造农村生活垃圾分类处理新模式，入选第三批全国农村公共服务典型案例、浙江省高质量发展建设共同富裕示范区最佳实践。截至2022年底，南湖区农村地区生活垃圾全部实现数字化溯源分类减量，已连续三年实现零增长、零填埋，分类处理覆盖率、无害化处理率、资源化利用率均达100%，近80%农户参与垃圾分类动态评价。

1. 统筹谋划，构建农村垃圾分类新网络

一是"农村+小区"一体化布局。自2018年起，连续3年将农村生活垃圾分类处理列入区政府民生实事项目，立足南湖区城乡高度融合、交通便捷的特点，逐步构建"片投放、村收集、镇转运、区处理"农村生活垃圾分类处理模式。实施农村生活垃圾桶装智能收集设施到村、入户全覆盖工程，搭建集镇小区定时定点智能收集驿站，兼顾便民投放和高效监管，惠及全区农户5万余户。在全省率先成立区级农村生活垃圾监管站，牵头推进农村和集镇垃圾分类工作，获评"全省农业农村系统突出贡献集体"。

二是"制度+App"智能化监管。编制《南湖区农村生活垃圾分类工作制度汇编》，包括1份操作意见、2张流程图、3个工作办法、4种工作职责和5项管理制度，规范分类处理体系、管理标准和运作模式。开发"垃非"App，有机融合人员角色化、设施可视化、痕迹数字化等管理模块，实现农村生活垃圾"分、收、集、运、处"全流程数字化监管。牵头起草嘉兴市地方标准《农村生活垃圾数字化管理规范》（DB 3304/T084—2022），于2022年4月14日正式实施，目前已实现村（社区）数字化管理全覆盖。

三是"集中+就地"个性化改造。新建日处理能力达 15 吨的农村易腐垃圾处理站,对居民产生的易腐垃圾进行集中发酵成肥;针对餐厨垃圾含油、盐、水多的特点,分布式建设易腐垃圾处理站 7 个,日处理能力达 12 吨。统筹制定 4 类生活垃圾的资源化处理方案,实时生成电子动态报表,通过 App 进行公示。2022 年,南湖区通过"垃非"系统分类处理易腐垃圾 8 398 吨,可回收物 1 006 吨,有害垃圾 4.1 吨,实现镇村(社区)全覆盖。

2. 数字赋能,打造农村垃圾治理新业态

一是 AI 智控提效率。优化基层工作模式,引进人工智能识别、评审技术,加快桶内分类准确率核验和桶外垃圾乱堆放问题排查效率,日处理分类照片约 6 万张。将传统垃圾收集车升级为集扫码、拍照、称重功能于一体的智能收集车,在农村累计推广 150 多辆。在集镇小区建设定时定点智能收集驿站 150 余个,将人工抽检转变为机器自动检测,提高检查效率 80% 以上。

二是掌上督查增速度。结合该区垃圾分类"周督查、月暗访"工作机制,在"垃非"App 端集成暗访、督查、举报等功能,拓宽发现问题渠道。实行"镇—村(社区)—区级联查联防"模式,推动风险隐患点管理后台即查即改,大幅度提升排查、整改速度。开发基层治理端"一图一码一指数",即分类设施"一图查看"、农户分类"三色管理"、镇村分类"指数评价",推动全区农村垃圾分类多维度动态评价。2022 年,共发现整改农村垃圾治理问题 500 余个,即查即改率达 98%。

三是市场创新更高效。以"垃非"云平台为核心,实现分类投放、回收、运输、处理等环节智慧物联,规范收、运、处操作标准,倒逼企业提升服务质量和工作效率。例如,某技术服务有限公司通过自主创新研发智能收集车、智能分类驿站等新装备,大幅提升业务能力和市场竞争力,由原先负责4个村垃圾收运的小微企业成功转型为科技型中小企业,现负责12个村"四位一体"保洁和40多个小区生活垃圾分类业务。

3. 农户参与,激发农村垃圾治理新活力

一是高效宣传全民覆盖。组建由136名垃圾分类专职督查员组成的队伍,运用大数据分析精准入户指导。全区2 579名党员利用好熟人效应,就近联系3万余户农户,推动垃圾分类宣传进村、入户。打造"嘉新·尚生活馆"等垃圾资源化创意体验项目,累计组织开展"垃非论坛"11期,录制"我为'垃非'代言"视频7期,开展各类研学活动60余场,为农村垃圾分类注入新时尚元素,催生带动垃圾分类乡村旅游经济。

二是动态评价全民共识。实施农村垃圾分类三色二维码动态评价管理,按照分类积分排名、分类准确率等划分"好、中、差"3档,实时生成"垃非"指数(积分指数、参与指数、精准指数、管理指数),引导农户通过手机App查看区、镇、村(社区)三色二维码和指数排名,进一步提振农户分类主动性,增强农户自我参与意愿,推动垃圾分类动态评价全村、全员覆盖。截至2022年年底,农村地区"垃非"App日活跃用户已达3.8万户。

三是暖心福利全民共享。制定《嘉兴市南湖区农村生活垃圾分类积分管理办法》,依托农业银行支付系统等数据载体,落实App管理积分奖励机制。农户可以按片(组)实名录入,通过垃圾分类自查、出售可回收物等方式获取积分,用于兑换各类生活用品。截至2022年年底,已接入农行电商平台等积分兑换商店47家,累计产生积分32.5亿。

(二)农村生活污水治理监测

农村生活污水治理监测是指利用物联网、卫星遥感数据、无人机、高清视频监控等技术,对农村生活污水处理设施运行情况进行实时监控和智能预警,开展过程管控、水质监控和设施运营状态评估。

(三) 村容村貌监测

村容村貌监测是指利用物联网、人工智能、无人机等信息技术手段,对农村地区房屋、道路、河道、特色景观等公共生活空间进行监测,为消除乱搭乱建、乱堆乱放、乱贴乱画等影响村庄环境现象,保持乡村面貌整洁提供管理依据。

省级层面负责建设全省农村人居环境监管平台,建立预警数据定期分析研判制度,形成"问题在线受理、任务在线交办、履职在线监管"全流程监督的闭环管理工作机制。编制工作手册或技术导则,指导地方建设分平台及相应的工作机制。

县级层面负责完成农村人居综合监管分平台建设任务,建设监控设施。对监测全流程进行数字化改造,开展在线监控与动态录入,汇集辖区内农村实时监测信息,形成电子地图或报表。在县级分平台设置专门的举报板块及受理机制,引导农村居民通过App、小程序等方式参与农村人居环境网络监督。

【案例链接】

武宁县运用"5G+"手段,长效管护人居环境

改善农村人居环境、建设美丽宜居乡村,是乡村振兴战略的重要任务,也是"中国最美县域"的题中之义。农村人居环境整治三年行动启动以来,武宁县坚持以人民为中心,将打造"最美小城"样板区的经验复制到创建"美丽宜居试点县"上来,扎实推动村庄清洁行动、厕所革命和生活污水治理长效管护出成效、高质量、走前列。特别是在率先开创农村生态管护"多员合一"机制基础上,迈好"数字乡村"建设新步伐,引入智能化管理平台构建"事常管、景常美、民常乐"新境界,实现了农村面貌品质提升、环境洁美。

武宁县投入 2 000 余万元搭建"万村码上通"5G+长效管护平台,实现大数据预警、点对点监测、智能化服务,给长效管护插上科技的"翅膀"。一是实行云平台统管。该平台将全县农村生态环境和农村居民生产生活区域统一纳入一个立体空间,设置"武宁概况、研判分析、垃圾处理、污水处理、厕所革命、村容村貌、长效管护"七大板块,综合考虑村庄类型、山林面积、公路里程、河流长度等因素,合理划分为若干个管护单元。推行"四个一"(一平台、一中心、一张图、一个端)运行模式,运用"5G+管理"技术,实现全县农村人居环境治理工作统一指挥调度、长效管护大数据告警分析和预警研判、长效管护综合管理服务。二是推行远程监控。在全县乡村主要交通路口人流量大的密集场所、垃圾中转箱和生活污水检测站配备 500 余个监控摄像设备,接入指挥大厅调度中心,实时联网并利用 5G+VR 技术,360 度全方位展示田园山水。对于垃圾乱堆乱放、野外用火等违法违规行为启动无人机空中巡查、远程喊话告警,尽显高科技元素。积极践行"垃圾分类工作就是新时尚"的要求,在罗坪镇试点建立智能垃圾监测及垃圾分类管理体系。监测数据自动上传到指挥调度平台或 GPS 定位轨迹环卫车辆,无害化处理率达到 98% 以上。三是试行终端监管。与"全省农村人居环境政策咨询和问题投诉处理端口"无缝对接,设立县级管理员,对于群众通过手机 App 在"码上通"平台发送的农村改厕、村庄垃圾、生活污水、村容村貌等相关问题实时语音、上传的现场图片,及时反馈至县级平台云端进行可视化管理和调度,由区域管护员、AI 智能监控现场核实和处理,确保在 24 小时内登记受理,72 小时内处理办结,5 天内反馈情况。

二、农村饮用水水源水质监测

在农村河流、水库、地下水、蓄水池（塘）等饮用水水源采样点设置数据采集点，对温度、色度、浊度、pH 值、电导率、溶解氧、化学需氧量和生物需氧量进行综合性在线自动监测。

省级层面整体推进农村地区地表水环境、饮用水水源环境监测工作，合理安排信息化自动监测站点布设，制定监测标准和方案。编制工作手册或技术导则，指导地方开展监测。

县级层面按照省级部门要求，建设和维护信息化自动监测站点，组织实施水样采集、数据报送和预警，并做好农村饮用水水源地供水管理。

注意事项：农村饮用水水源水质监测，需要根据村庄的不同类型，增减相应的监测项目。按照《地表水和污水监测技术规范》（HJ/T 91—2002）、《地下水环境监测技术规范》（HJ 164—2020）及《环境水质监测质量保证手册（第二版）》有关要求进行饮用水水源水质监测质量控制。

第三节 农村生态保护信息化

农村生态保护信息化主要包括山水林田湖草沙系统监测、农业生态环境监测及农村生态系统脆弱区和敏感区监测等内容。通过物联网、人工智能、卫星遥感、高清视频监控等信息技术手段，对农业农村生态环境的现状、变化、趋势进行综合监测分析，助力推进农村生态系统科学保护修复和污染防治，持续改善农村生态环境质量。

一、山水林田湖草沙系统监测

基于统计调查技术、遥感技术和地理信息系统，对山川、湖泊、森林、草地、湿地、沙地等进行综合监测，汇集系统治理数据，为农村生态资源整体保护、系统修复和综合治理提供决策参考和数据支撑。

省级层面建设本省山水林田湖草沙系统综合监测平台，开展统一监测，对系统治理数据进行统筹，形成山水林田湖草沙系统数据资源管理"一张图"，通过分析预测为地方系统治理提供参考依据。统筹推进区域范围内山川、湖泊、森林、草地、沙地等生态系统观测站信息化建设。

县级层面负责维护观测站点，进行重要参数采集比对、异常情况实时监控上报，并根据监测分析结果开展治理。

二、农业生态环境监测

利用物联网、卫星遥感、人工智能等信息技术手段，对农田土壤、生产用水、排放气体中的主要污染参数进行监测，实现对农田环境、养殖环境、农业废弃物处理利用等领域的智能化管理。

省级层面制定土壤环境、畜禽粪污、秸秆处理等方面的监测标准和监测方案，按照构建全国农业生态环境监测"一张网"的要求，对各地农业生态环境污染开展监测分析，根据监测分析结果，为市、县级部门提供指导意见。定期组织监测技术培训，开展技术规范宣贯和技术指导。

县级层面负责监测点位的建设管理，开展农业生态环境重要指数的采集、监测、分析和预测。

三、农村生态系统脆弱区和敏感区监测

利用卫星遥感、5G、无人机、高清视频监控技术等手段，基于多源融合数据，根据脆弱区和敏感区的评价指标，对农村地区生态系统脆弱区和敏感区进行识别、监测和预警。

省级层面依托国家生态环境监测平台，建立农村地区生态脆弱区和敏感区观测体系。利用天基、地基、空基等观测手段，开展农村地区生态系统脆弱区和敏感区识别和监测，叠加对生态系统具有重要影响的数据图层，提升识别和观测精度。

县级层面负责本地生态脆弱区和敏感区的监测预警、问题情况上报，以及地质灾害风险应急管控等工作。

参考文献

李道亮，2021. 物联网与智慧农业［M］. 北京：电子工业出版社.

刘修文，2018. 智慧家庭终端开发教程［M］. 北京：机械工业出版社.

王辉，吴越，章建强，等，2012. 智慧城市［M］. 北京：清华大学出版社.

殷涛，林宁，李华，等，2023. 助力乡村振兴：数字乡村典型应用场景与实践［M］. 北京：人民邮电出版社.

张建锋，肖利华，许诗军，2022. 数智化：数字政府、数字经济与数字社会大融合［M］. 北京：电子工业出版社.